How-nual　Shuwasystem Industry Trend Guide Book

最新 石油業界の動向とカラクリがよ〜くわかる本

業界人、就職、転職に役立つ情報満載

［第2版］

橋爪 吉博 著

秀和システム

はじめに

本書は、石油と石油業界、そして、石油市場の概要を俯瞰的に説明した概説書です。石油関連企業等への就職を検討している学生さん、石油を初めて担当することなった社会人の皆さんを主な対象としていますが、今後の石油業界の展開や日々の原油価格・ガソリン価格の値動きなど内外の石油情勢に興味のある一般の方々にも、参考にしていただけるように執筆しました。

本書は、11章で構成されていますが、概ね3つのパートに分かれています。最初に、第1章から第5章までは総論です。冒頭は国内の石油産業の新しい展開から始まり、石油と先油産業に関する基礎知識、石油産業の歴史、最も大切な石油の安定供給、石油市場と原油価格の見方を説明しています。次に、第6章から第9章は、石油のサプライチェーンを開発・生産、輸入、精製・流通の順に取り上げています。最後の2章では、石油製品(燃料油)別の特長や品質、石油関連の法規と税制について解説しています。また、本文では、できるだけわかりやすく、通説的見解を紹介しましたが、各章末のコラムでは、著者独自の少数意見や仮設・見立てを大胆に展開させていただきました。初心者の皆さんには、少し難しいかもしれません。

著者にとって、本書は最初の著書になります。石油連盟事務局を中心に、38年間、石油の業務に携わり、上流開発から、給油所まで実に幅広い仕事をしてきました。広く、薄くのきらいはありましたが、その集大成のつもりで本書を書き上げました。38年の間お世話になったすべての関係者の皆様、諸先輩、同僚、後輩たちに感謝したいと思います。内容は正確を期したつもりですが、事実誤認や齟齬があるかもしれません。文責はすべて著者個人に帰するものです。また、文中で意見、評価にわたる部分はすべて個人的見解であり、著者が所属した、または所属する組織とは無関係です。本書の著者として私を選ぶとともに、執筆が遅れがちな著者を温かく見守って下さった、担当編集者に感謝申し上げます。本書が、石油に関する理解を深める一助になれば、幸いです。

2020年3月　橋爪　吉博

How-nual 図解入門 業界研究

最新石油業界の動向とカラクリがよ～くわかる本［第2版］

●目次

第1章 変わる石油業界

第2章 石油と石油産業の基礎知識

第3章 石油産業の歴史

第4章 石油の安定供給

第5章 国際石油市場と原油価格

第9章 石油製品の流通と販売

第10章 石油製品の用途と品質

第11章 石油関連の法規制と税金

変わる石油業界

国内石油需要の減少を背景に、メジャー石油会社（国際石油資本）の撤退を契機として、わが国の石油業界は、大規模な再編・統合が行われました。さらに、今後、地球温暖化対策の観点から、エネルギー転換・脱炭素化の動きが、需要減少を加速させるものと見られています。

こうした状況のもとで、石油業界は、新たな事業展開を模索しているところです。

第1章「変わる石油業界」では、最近の石油業界をめぐる状況を振り返るとともに、今後の石油業界の展開の方向を考えてみたいと思います。

石油業界の再編

1

わが国では、石油製品の需要減少が止まりません。そのため、規模を適正化し、経営合理化を進めるため、石油業界の再編が進展し、石油元売会社は三大グループに集約されました。

三大グループ化

２０１７年４月の**ＪＸＴＧエネルギー**の発足に続き、２０１９年４月には、**出光昭和シェル**の経営統合が行われました。２０１７年５月、**コスモ石油**と**キグナス石油**は、資本・業務提携し、わが国の石油精製・元売業界は三大グループに集約されました。約40年前、元売会社は13社でしたが、5社となりました。

ＪＸＴＧは国内ガソリンシェアの50％を超え、出光昭和シェルのシェアは30％を超えており、ガソリン販売シェアは上位二社で、80％に達しました。寡占化による弊害の指摘もありましたが、公正取引委員会は合併審査（２０１６年12月）は、ガソリン等の製品輸入促進措置を実質的合併条件として、両案件の統合を認めました。

内需の減少

業界再編の最大の背景として、石油製品の国内需要の減少が指摘されています。わが国の石油製品（燃料油）の需要のピークは、１９９９年度の２億４５００万ＫＬでしたが、２０１８年度には1億６８００万ＫＬと32％減少しています。内需減少の要因としては、燃料効率の向上（省エネルギー）、燃料転換の進展、さらには、少子高齢化の進行、ライフスタイルの変化等の構造的なものであり、中長期的に需要減少が継続することは避けられず、今後の回復は期待できません。

今後、地球温暖化対策などエネルギー転換・脱炭素化が進めば、内需減少が加速化することは間違いあり

＊IPP　Independent Power Producerの略。
＊PPS　Power Producer and Supplierの略。

ません。ＪＸＴＧも、出光昭和シェルも、２０４０年には国内石油需要は半減すると予想しています。

全体のパイが減少する中で、石油の安定供給を維持するためには、国際競争力の強化、経営合理化や事業転換の推進が必要不可欠となります。

メジャー系外資の撤退

今回の業界再編の総仕上げの直接的な契機は、**オイルメジャー**（**国際石油資本**）系会社の撤退でした。２０１２年、**エクソンモービル**（**EM**）が東燃ゼネラルに事業を譲渡するかたちでわが国市場から撤退し、また、２０１５年11月、英蘭**シェル**は、出光興産に、昭和シェル石油の持株を売却して撤退することを発表しました。ＪＸによる東燃ゼネラルの統合は、出光による昭和シェル統合への対抗措置だともいわれています。

ＥＭとシェルが、撤退した最大の要因は、内需減少です。わが国の石油市場を衰退市場であると判断し、投下資本をより投資効率の良い成長市場に振り替えたのです。今回の再編は、メジャーが放棄した日本市場を民族系企業二社が引き継いだものといえます。

わが国の石油業界の再編動向

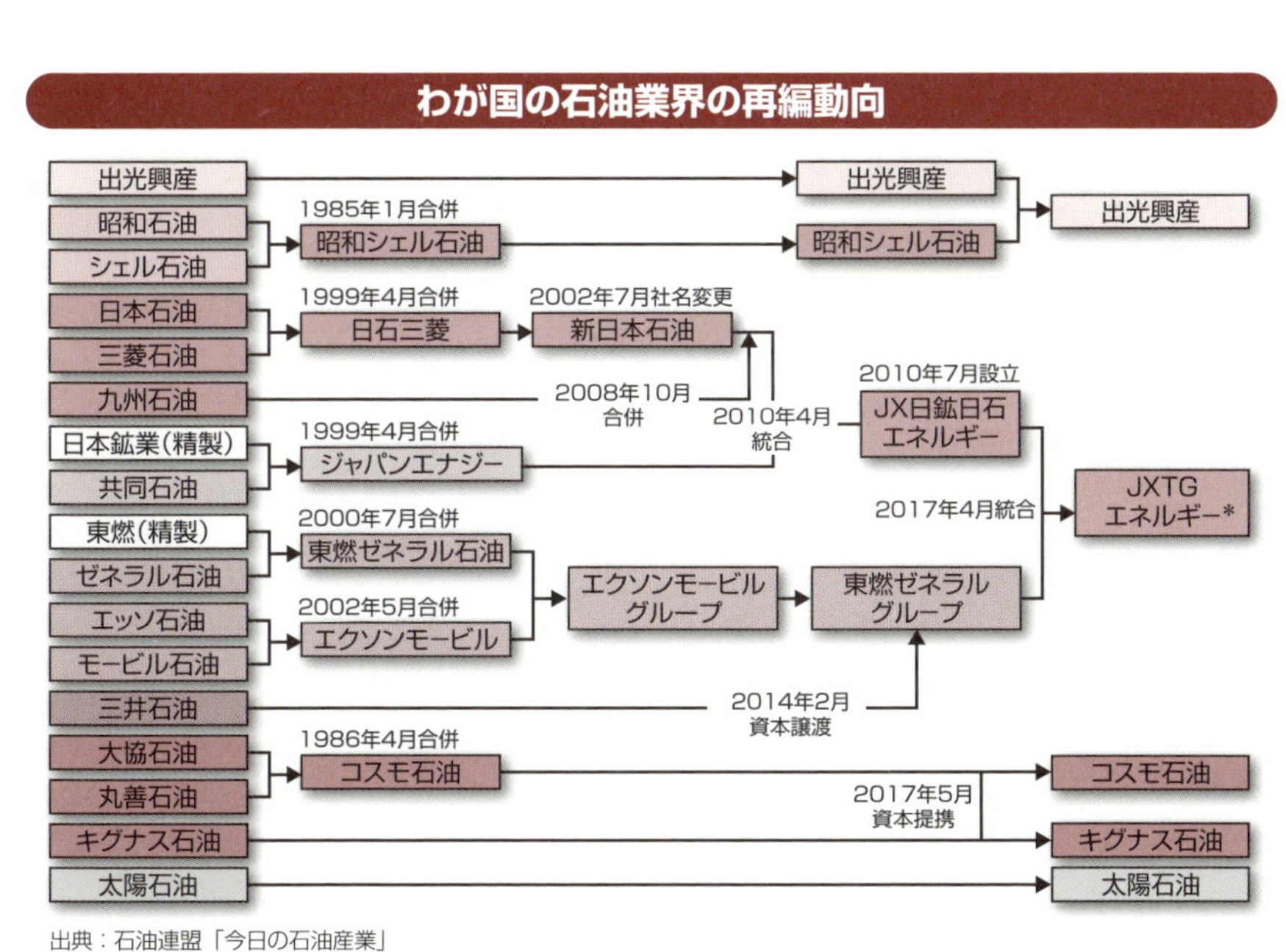

出典：石油連盟「今日の石油産業」

＊「JXTGエネルギー」は2020年6月から「ENEOS」に社名変更の予定。

2 過剰精製設備の廃棄

近年、業界再編と同時進行したのが、製油所の過剰石油精製設備の廃棄でした。設備廃棄の状況と考え方、その成果を見てみましょう。

製油所の設備稼働率

一般に、**製油所**の設備規模は、石油精製工程における最も基本的な設備である**常圧蒸留設備**(トッパー)の一日当たりの原油処理能力(バレル/日、BD)で表されます。これを分母として、分子に原油処理(通油)量をおいて、%で表したものが**設備稼働率**となります。

安定供給面からは、十分に余裕のある処理能力持つことが望ましいですが、経営面・収益面からは、設備能力一杯のフル稼働を行うことが望ましいのです。過剰設備は固定費負担の増大とともに、供給圧力がかかり市況維持の観点からも望ましくありません。過去には、適正稼働率として、80%が一つの目安でしたが、今日、欧米の先進製油所やアジアの新鋭製油所では90%以上の水準での稼働が通常です。わが国では、2000年代前半には80%台の稼働率でしたが、内需減少と共に低下し始め、2011年度には74・2%まで低下しました。このように、2000年代の終わりには、経営の効率化の観点からも、エネルギー安定供給という産業政策の観点からも、製油所の閉鎖を含む過剰石油精製設備の廃棄を避けて通れません。しかし、本格的な設備廃棄を行うには、製油所そのものの廃止が望ましいですが、製油所は地域経済の中核、あるいは「企業城下町」であることも多く、地域経済や雇用に与える影響が大きく、簡単には進みませんでした。

高度化法に基づく設備廃棄

経済産業省は、**エネルギー供給構造高度化法**の運用で、実質的に設備廃棄を推進しました。２０１０年７月、同法告示で、石油資源の有効活用と共に石油精製業の国際競争力の強化の観点から、石油精製会社に高付加価値製品のガソリン増産のための「重質油分解装置能力」の常圧蒸留設備能力に対する整備率（重質油分解装置装置÷常圧蒸留装置能力）を一定水準以上とする規制を行ったのです。精製会社は、装備率向上には、重質油分解装置の増備か、常圧蒸留装置の削減かの選択肢がありますが、内需減少の状況下では、前者の選択は非現実的で、後者を選択せざるを得ません。その結果、出光・徳山、ＪＸ・室蘭、コスモ・坂出等６か所の製油所閉鎖を含め、２０１４年３月末には、製油所は23か所、常圧蒸留装置能力は約２割（94万ＢＤ）削減され、３９５万ＢＤとなりました。

さらに、経済産業省は、２０１５年７月、同法第２次告示で、装備率の分子となる装置の範囲を見直し、「残油分解装置能力」とし、同様の規制を行い、２０１７年３月末には、常圧蒸留装置能力は、さらに約１割（42万ＢＤ）削減され、３５２万ＢＤとなりました。

石油製品内需の推移と見通し

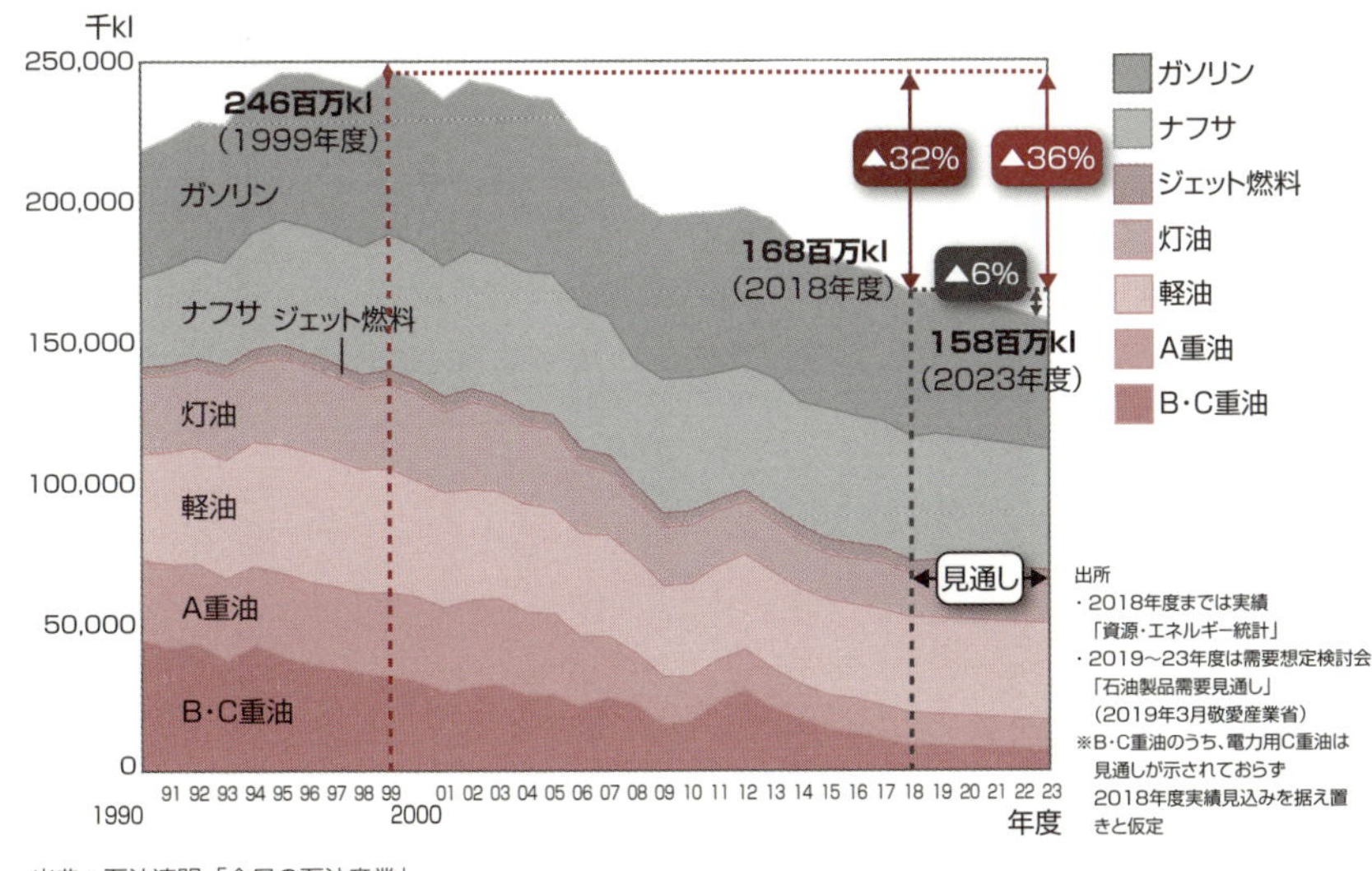

出典：石油連盟「今日の石油産業」

3 エネルギー基本計画

「第5次エネルギー基本計画」(2018年7月3日、閣議決定)は、業界再編後のわが国石油政策や業界の方向性を示しています。その概要と考え方を見てみましょう。

第5次エネルギー基本計画

エネルギー基本計画は、**エネルギー政策基本法**に基づき、3年程度で見直し、閣議決定されるエネルギー政策の中長期の基本方針を示すものです。**第5次エネルギー基本計画**は、2030年のエネルギー構成を示した「長期エネルギー見通し」(2016年5月、資源エネルギー庁)の実現への政策対応と共に、2050年のエネルギー・シナリオの考え方を示しました。

2030年のエネルギーミックス達成

上記エネルギー見通しにおいて、石油(LPGを含む)は、一次エネルギー供給の32%と、依然としてトップシェアを占める見通しとなっています。そのため、第5次計画において、石油は、「国内需要は減少傾向にあるものの、一次エネルギーの4割程度を占め、幅広い燃料用途と素材用途で重要な役割。調達に係わる**地政学的リスク**は最も大きいものの、可搬性が高く、全国供給網も整い、備蓄も豊富、今後とも活用していく重要なエネルギー源」と位置付けられ、石油政策の方向性として、「災害時にはエネルギー供給の「最後の砦」の役割があり、供給網の一層の強靭化を推進することに加え、石油産業の経営基盤の強化が必要」とされました。

そのため、石油開発については、自主開発・資源外交の推進、石油精製・元売については、国際競争力強化や収益力向上を通じた事業再編と構造改革の推進、石油流通については、**SS過疎地**等における最終供給体制の確保などが、政策課題として挙げられました。したがって、２０３０年に向けては、需要減少の中、引き続き、石油の安定供給を図るため、サプライチェーンを維持して行くことが必要とされています。

2050年のエネルギー・シナリオ

しかし、２０５０年に向けたエネルギー・シナリオでは、２０５０年の温室効果ガス排出80％削減を前提に、再生可能エネルギーの主力電源化等による電化・カーボンフリー水素による水素化等による大胆なエネルギー転換によって脱炭素化を実現するとの方向性が提示され、石油については、「過渡期の主力エネルギー」とされたものの「脱炭素化に向けて給油所等のインフラの転換が必要」と言及されただけで、具体的な内容は示されませんでした。また、経済産業省の有識者会議「自動車次世代戦略会議」（２０１８年7月24日、中間取りまとめ）では、２０５０年にわが国メーカーが販売する乗用車の１００％「電動化」（ハイブリッド車を含む）を目標とすることを決めました。

このように、わが国においても、政府レベルで、エネルギー転換・脱炭素化の方向性が明確となりました。

2030 年に向けた石油産業（下流）の課題

「事業基盤の再構築」		第 5 次エネルギー基本計画における主な指摘事項
1. 事業再編・構造改革	①グローバル環境下における競争力強化	製油所・石化工場等について統合運営・事業再編等を通じ、高付加価値化や設備最適化・製造原価抑制を推進。AI・IoT等のデジタル技術導入拡大で生産性向上を図る。石油製品の効率的輸出のため輸出能力の強化を図る。
	②他事業分野・海外進出の強化による収益力の向上	石油化学分野での事業拡大や連携、資源開発事業の強化やLNG・石炭・再エネ等による発電事業、ガス事業、水素事業等への参入強化等事業ポートフォリオの充実を図る。海外コンビナート・販売事業等への進出を進め、強靭な「総合エネルギー産業」へと脱皮を図る。
2. 最終供給体制の確保		「給油所過疎地問題」が全国的課題。自治体、事業者や住民等が連携、地域の実情に応じて流通網を維持。消費者との直接的なつながりを活かした事業多角化を進め、「地域コミュニティのインフラ」としての機能を強化。
3. 公平かつ透明な石油製品取引構造の確立		「ガソリン適正取引慣行ガイドライン」浸透を通じ、取引慣行の適正化を図る。

出所：第 5 次エネルギー基本計画　第 2 章第 2 節 2030 年に向けた政策対応

4 総合エネルギー産業に向けた取り組み

内外の石油産業は、中長期の将来に向けた事業転換の大きな柱として、再生可能エネルギーなど電力事業への参入を中心に、総合エネルギー産業を目指しています。

電力事業への参入

近年のエネルギー転換の議論の中心は、太陽光や風力といった再生可能エネルギーの主力電源化を通じた「**電化**」です。将来におけるエネルギーの中心は電気になることは間違いありません。そのため石油産業がエネルギー産業として生き残っていくためには、電力事業に参入して行くことが必要になります。

そうした中、英蘭シェルは、「2035年には世界最大の電力会社を目指す」と発言し、さらに、わが国の電力小売り事業にも参入すると発表しました。

わが国の石油業界も、電力事業の規制改革を背景に、広範囲にわたって、電力事業に参入しています。2016年の家庭用を含めた全面小売り電力販売自由化にあたっては、「**新電力**」として、JXエネルギー、昭和シェルが参入したほか、2019年からはコスモ石油も小売りに参入しました。2019年3月時点で、JXTGエネルギーは、東京ガス、KDDI（携帯電話）、大阪ガスに次ぐ、第4位の「新電力」会社です。

もともと、製油所では、製品として販売できない重質の残渣や余剰ガスを原料として、所内用電力の自家発電を行ってきました。電力規制改革の第一段となる1995年12月の電力会社による卸電力の入札制度導入にあたっては、各地の石油会社は**独立系発電事業者**（**IPP***）として参入し、電力会社に電気を卸販売を行いました。その後、2000年3月の大口の特別高圧需要家向けの電力小売り部分自由化にあたっても、**特定規模電気事業者**（**PPS***）として、同時に自由化さ

＊IPP　Independent Power Producerの略。
＊PPS　Power Producer and Supplierの略。

れた送電線の託送制度を利用して大口顧客に小売販売を開始しています。石油会社は、こうした従来からの経験に加え、自社電源を有している点が電力事業への参入の優位性となっているのです。

再生可能エネルギー事業

さらに、わが国石油業界は、**再生可能エネルギー事業**への参入も盛んです。日本各地に、閉鎖された製油所や油槽所の遊休地を活用したメガソーラー発電があるだけでなく、石油各社は特色ある再生可能エネルギーの発電所を有しています。

出光興産は、九州電力と1996年から滝上地熱発電所（大分県九重町、27万5000kW）を運転しているし、北海道や秋田県で地熱発電所を建設中です。また、旧昭和シェル石油は、2015年11月から、川崎に日本最大の木質バイオマス発電所（京浜バイオマスパワー、4万9000kW）を有しており、CIS薄膜ソーラーパネルのメーカー（ソーラーフォロンティア）も子会社としています。コスモ石油は風力発電の大手ですし、JXTGは洋上風力発電に進出するとしています。

元売り各社の将来ビジョン

会社	内容
JXTG HD	• 2040年には石油需要は現状よりより半減との前提 • 再エネによる発電事業、石油化学事業等を育成 • 水素技術開発に取り組む • アジアを代表する「総合エネルギー・素材会社」を目指す （2019年5月、同社長期ビジョン概要）
出光昭和シェル	• 2018年11月よりベトナム・ニソンで、石油・石化コンビナート運転開始 • 早期に、非石油事業の営業利益を半分以上とする • 有機EL等の機能性素材・再エネによる電力事業を強化 （2019年5月木藤社長インビュー）
コスモ HD	• 再エネ事業拡大で、SDCｓ実現に貢献 • カーケアサービス（カーリース・保険等を含む）推進 （第6次中期経営計画）

5

海外事業への進出

わが国の国内石油需要は縮小している一方で、東アジアの石油需要は引き続き成長しています。したがって、わが国石油業界にとっても、そうした成長市場を事業に取り込むことが重要であり、海外事業進出や製品輸出は、事業戦略として重要な選択肢となっています。

出光興産ニソン合弁製油所

２０１８年11月、出光興産のベトナムにある**ニソン合弁製油所**が商業生産を開始しました。同製油所は、同社を中心にベトナム国営石油（ペトロベトナム）、クウェート国営石油（ＫＰＩ）、三井化学と共に建設した**石油精製・石油化学コンプレックス（コンビナート）**で、石油精製能力が20万ＢＤで、国内需要の半分程度を賄います。ベトナムは産油国ですが、クウェート原油を輸入し、精製することで成長著しいベトナムの石油市場に供給します。今回の出光のニソン製油所は、わが国の精製元売会社にとって、初めての本格的な海外事業です。

過去、１９６０年代に、旧丸善石油（現コスモ石油）の子会社「丸善東洋石油」がシンガポールにごく小規模な製油所を建設、運営しましたが、間もなくＢＰに譲渡されました。わが国石油業界の海外展開が遅れた理由としては、①石油業法に基づく消費地精製方式のもと国内完結型の需給体制が基本であったこと（政策的制約）、②親会社ないし提携相手のメジャー外資による海外事業の制限があったこと（外資の制約）、③永年の過当競争により海外投資のための資本蓄積ができなかったこと（資金的制約）、などがあげられます。

潤滑油・石油化学の進出

ただ、潤滑油については、比較的海外展開が早かったのです。1980年代初めから、国内自動車産業の海外工場の展開と共に、自動車各社の純正潤滑油として、石油各社も海外進出を果たしました。現在、中国、タイ、インドネシア、ベトナム、中東等で、潤滑油をブレンド、製造し、販売しています。潤滑油は、製造ノウハウが必要であり、収益性が高い製品です。

また、2000年代初めからは、旧JX、コスモ石油、旧昭和シェルは、韓国で芳香族等の石油化学の合弁事業を設立しています。ペットボトル等の原料となるパラキシレン事業は、高収益を上げ、国内生産と併せ、JXTGは世界のトップシェアを有しています。

石油製品の輸出

近年、石油製品の海外輸出も増加しています。2018年度の製品輸出は、国際船舶・航空燃料を含めて3185万KLと国内生産比19・3％を占めており、国内サプライチェーンの維持や市況対策上重要な役割を果たしています。特に、海外市況が堅調な軽油については、841万KLと同20・6％に上っており、収益源となっています。

元売各社の海外事業

会社	展開事例
JXTG	アジア各地で潤滑油事業展開、韓国でパラキシレン事業、ベトナム石油公社（ペトロメリックス）に資本参加 マレーシアにLNG権益、八戸・水島にLNG輸入基地・釧路に二次基地
出光昭和シェル	ベトナム・ニソン合弁製油所操業、ベトナムで給油所事業に参入、アジア各地で潤滑油事業展開、米国西海岸で石油物流事業に参入、太陽石油と韓国でパラキシレン事業、豪州等に石炭権益
コスモ石油	韓国でパラキシ事業、アジア各地で潤滑油事業展開

出所：各社 HP 等より石油情報センター作成

ベトナム・ニソン製油所の概要

項目	概要
所在地	ベトナム社会主義共和国タインホア省ニソン経済区
事業総額	約90億米ドル（うち出光興産負担額約14億米ドル）
出資比率	出光興産35.1%、KPI 35.1%、ペトロベトナム25.1%、三井化学4.7%
主な装置	常圧蒸留装置:20万BD、重油直接脱硫装置:10.5万BD、重油流動接触分解装置:8万BD、芳香族製造装置（パラキシレン）:70万トン/年

出所：出光興産プレスリリース

6 石油化学への進出

内外石油産業は、将来の事業の方向性として、総合エネルギー産業と共に、石油化学を中心とする新たな素材産業も有望視されています。内外石油産業の石油化学への参入の状況とその背景を紹介します。

資本の壁・業種の壁

海外においては、石油精製と**石油化学**は、一体操業が行われている場合が多いです。また、伝統的に、メジャー石油会社は、エクソンモービルやシェルなど、石油化学大手でもあります。しかし、わが国では、高度経済成長期、石油精製は終戦直後の元売会社が中心に成長したのに対し、石油化学は財閥系企業が中心となって発展しました。JXTG、出光、コスモ共に、石油化学部門はあるものの、精製部門と比べて規模が小さいのです。その意味で、わが国では両者は「資本の壁・業種の壁」で分断されてきたといわれています。

通常、石油製品は熱利用や動力用の燃料として、燃焼利用されますが、石油製品の一つである原料**ナフサ**から、基礎化学品を経て製造される石油化学製品は、多種多様な工業製品・生活用品として利用されています。石油化学は、石油精製よりも装置が複雑で、かつ運転条件も厳しく、製品の付加価値は高くなります。その意味で、燃料ではなく、原料使用は、石油資源の有効活用（ノーブルユース）だとされています。

RING事業

わが国におけるコンビナート内の工場間の連携は、90年代後半の石油製品輸入自由化等の規制緩和により、製油所の効率化や国際競争力向上の必要性が意識され始めた2000年代初めに、複数製油所間での装置の相互利用、原材料や熱・電力等の用役（ユーティリティ）の融通などの運転最適化を目指した連携から始まり、その後、製油所と石油化学工場間での連携、さらには、複数事業所の統合運営に深化しました。

こうした取り組みは、石油コンビナート高度統合運営技術研究組合（ＲＩＮＧ）の事業として進められ、水島・鹿島・千葉等における製油所等の競争力向上に貢献しただけではなく、水島における連携事業はＪＸ日鉱日石エネルギー（現ＪＸＴＧ）の経営統合の一つの契機となるなど、両業界に相乗効果を生み出しています。

コンビナート間競争

世界的には、80年代終わりから、サウジのジュベール、韓国の蔚山・温山、台湾の麦寮、インドのジャムナガール等、産油国や途上国に新設される製油所は、石油化学工場と一体であることが通常となってきました。その意味で、製油所の国際競争力のみならず、コンビナート間競争でもあります。

こうした世界的な動きは、石油化学の付加価値の高さに加え、近年のエネルギー転換・脱炭素化の動きの中で、石油精製の生き残り戦略として、将来性のある石油化学に参入しておきたいということでしょう。

日本の石油化学コンビナート

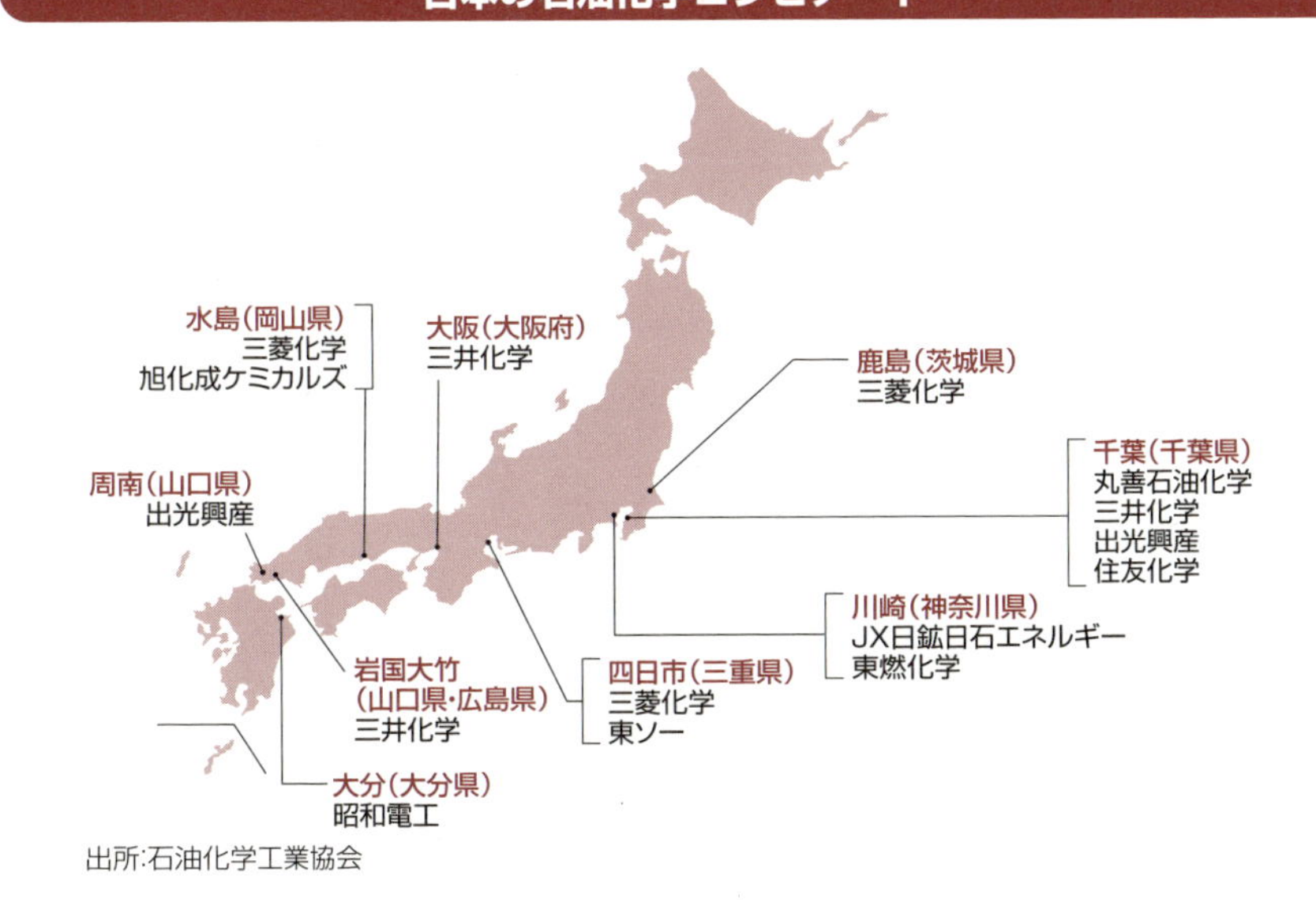

出所:石油化学工業協会

7

水素エネルギー社会

次世代エネルギーとして再生可能エネルギーと並んで期待されているのが、水素エネルギーです。脱炭素社会に向けた選択肢として重視され、内外の石油産業も、水素社会の実現に向けて積極的に取り組んでいます。

究極のクリーンエネルギー

水素エネルギーの第一の特長として、消費段階では温室効果ガスが発生しないことが挙げられまる。通常、水素は、**燃料電池**の燃料として発電に利用され、空気中の酸素と反応して、水しか排出されません。エネルギーとして消費する際にはCO2が出ないのです。

第二の特長として、幅広い・多様な利用が期待できることです。既に、燃料電池は、燃料電池自動車（FCV*）・燃料電池バスといった輸送用、電熱併給可能な家庭用・業務用の定置型燃料電池等が実用化され、水素直接燃焼による発電（神戸で実証中）もあります。

第三の特長は、水素原料の確保手段として、多様な調達手段が存在し、エネルギー安全保障にも資することです。ただ、水素は、天然には存在しないため、人為的な製造が必要となります。基本的な製造手段としては、水の電気分解と化石燃料の改質の2つがあります。いずれも、水素製造にエネルギーが必要となることであり、また、改質の場合には製造段階でCO2が発生するという問題があります。

カーボンフリー水素

そのため、水素の製造段階でもCO2を発生しない**カーボンフリー水素**が必要となります。したがって、電気分解には、太陽光や風力など再生可能エネルギーの活用が考えられています。さらに、太陽光や風力は不安定性をカバーするために、電力の貯蔵手段としての水素利用も可能です。

＊FCV　Fuel Cell　Vehicleの略。燃料電池自動車のこと。
＊CCS　Carbon Dioxide Containment & Storageの略。二酸化炭素回収･貯留のこと。
＊EOR　Enhanced Oil Recoveryの略。増進石油回収（二次的な石油増産技術の一つ）のこと。

　また、大量の水素供給の国際的サプライチェーンとして、豪州の低品位な褐炭やブルネイの天然ガスの改質も検討されていますが、CO2回収貯留（CCS*）やCO2注入による増進石油回収（EOR*）などと組み合わせ**カーボンニュートラル**（炭素中立）にする措置が必要です。

水素供給インフラ

　もう一つの問題は、水素供給のインフラ、サプライチェーンの姿が明確でないことです。FCV向けの水素ステーションは2018年度末段階で全国に103箇所ありますが、多くはローリーで液体水素の供給を受けています。海外から大量輸送する方法、国内での輸送方法・貯蔵方法について、現時点では決め手に欠いています。安全確保も重要で、水素ステーションの建設費は約4～5億円（通常の給油所の4～5倍）といわれます。コストの低減が最大の課題です。

　概して、内外石油会社は水素供給に向けて熱心です。その背景は、現供給インフラの転用、水素取扱の習熟等、優位性が発揮できるからでしょう。

水素エネルギー社会

●燃料電池車の仕組み
水素と空気中の酸素でつくった電気でモーターを回して走行。水だけを排出

空気
水素
水素タンク
モーター
燃料電池
水素
水

出所：石油連盟

●東京都では、東京五輪に向けて、燃料電池バスの増備に取り組んでいる

8 次世代自動車と石油業界

自動車産業は、いま100年に一度の変革期を迎えているといわれています。情報通信（IT）革命を背景に、次世代自動車の開発に向けた技術革新が急速に展開しているのです。

“CASE”の衝撃

自動車の技術革新を象徴する言葉として、2016年10月、メルセデスは、長期戦略において、CASEを提唱しました。具体的には、①コンピューターやスマホ等情報機器と「つながる自動車」、②安全性向上のための「自動運転」、③自動車を所有ではなく共有する「シェア」、④「電動化」、の4つの頭文字を取ったものです。

例えば、①は、IoTやビッグデータの活用による利便性の向上が狙いとなるでしょう。②は、わが国では高齢者事故対策や運転手不足対策として期待されます。③は、消費者の「持つ」から「使う」への価値観の変化が反映しています。ただ、わが国では「白タク営業」との関係で原則として海外で主流になっている「ライドシェア」は認められず、レンタカー類似の会員制の「カーシェア」が中心です。④は、環境対策の観点から政策的に進むでしょうし、電気自動車は電子制御等を通じて①〜③と相性が良いといわれています。

トヨタが目指す“MaaS”

こうした次世代自動車がイメージされる中、トヨタ自動車は、2018年1月、MaaS（移動サービス）を提供する会社を目指すとして、豊田章男社長は、「自動車メーカーからすべての人々に自由で快適な移動を提供する会社になる」と発言しています。

移動サービスのイメージとしては、出発地から目的地まで、乗換ソフトにある電車やバスといった公共交通機関に、現地の（ロボット）タクシーや貸自転車なども加えて、スマホで予約から代金決済まで完結できるソフトやハードの提供などが考えられています。

どうするガソリンスタンド

この先、わが国社会は、少子高齢化が進行し、人口減少・地方の過疎化が一段と深刻化するでしょう。自動車のあり様は間違いなく変わっていきます。技術的にも、制度的にも、自動車の電動化や自動運転がすぐに実現するとは思いませんが、社会のあり様や環境制約から考えると、乗用車については、時間をかけて、燃料はガソリンから電気に、個人所有が激減し法人所有が中心に、転換して行くと考えるべきでしょう。

そうした中、今後の充電形態が、急速充電が普及し現在のガソリンのような「経路充填」が続くのか、欧米で主流となっている職場や自宅での「基礎充填・目的地充填」に変わるのか、見極めも必要となります。ガソリンスタンドも、生き残りに向けて、地域のサービス拠点化や複合機能化などとの組み合せの中で、新たな展開を模索して行くことが期待されます。

CASEの概要

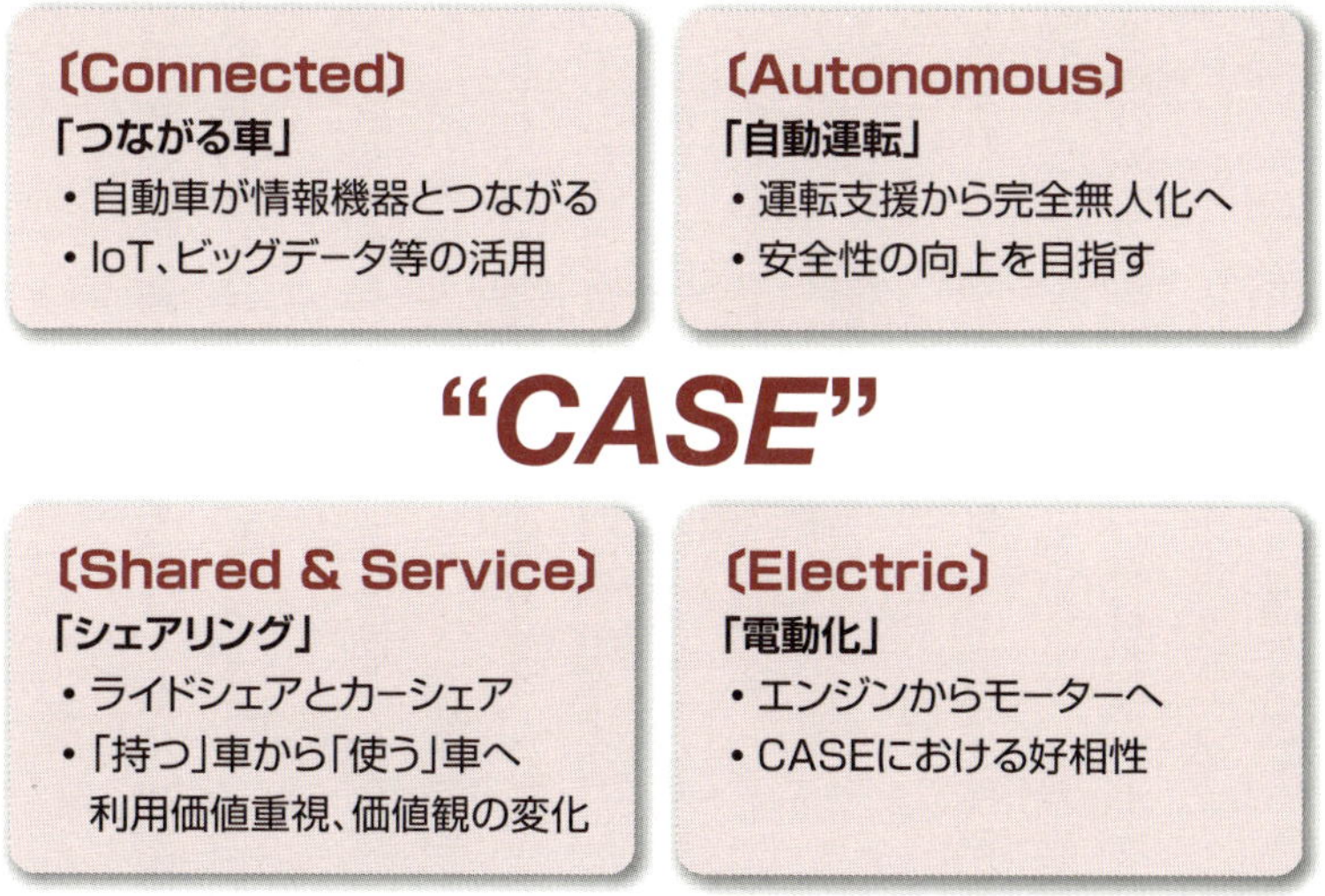

〔Connected〕	〔Autonomous〕
「つながる車」 ・自動車が情報機器とつながる ・IoT、ビッグデータ等の活用	「自動運転」 ・運転支援から完全無人化へ ・安全性の向上を目指す

“CASE”

〔Shared & Service〕	〔Electric〕
「シェアリング」 ・ライドシェアとカーシェア ・「持つ」車から「使う」車へ 利用価値重視、価値観の変化	「電動化」 ・エンジンからモーターへ ・CASEにおける好相性

9 電気自動車の衝撃

自動車の技術革新が話題となる中、地球温暖化対策の観点から、また、燃費不正によるディーゼル乗用車への不信感の高まりから、乗用車の電動化（EVシフト）の動きが世界的に活発化しています。

各国政府のEV化政策

２０１７年７月、仏・英両政府は相次いで、２０４０年までにガソリン・ディーゼルを燃料とする内燃機関乗用車の販売を禁止する方針を発表しました（後に、英国は２０３５年に前倒し）。今後の自動車の成長市場である中国政府は、２０１９年から、新車販売の一定割合を電気自動車とする規制を開始し、もう一つの成長市場インド政府も電動化政策を打ち出しています。

こうした相次ぐ電動化政策の背景には、**パリ協定**の目標達成や大都市の大気汚染対策といった環境政策の観点が強くあります。確かに、乗用車を中心に、従来、輸送用燃料はほぼ１００％が独占しており、温室効果ガスの大幅削減のためには、何らかの有効な手段が必要とされてきた経緯があります。また、中国政府の思惑として、乗用車の電動化によって、産業技術の覇権を握りたいのだとする見方もあります。

また、わが国も、２０１８年７月、経済産業省の「次世代自動車戦略会議」で２０５０年までに乗用車の新車１００％の電動化（ＨＶを含む）を目標としました。

EVシフトの評価

しかし、現時点では、電気自動車には、航続距離が短い、充電時間が長い、充電インフラが足りない、車両価格が高い等の問題があり、これらの課題を克服するためには、バッテリーの技術革新や政策支援の拡充が不可欠です。しかし、技術革新が現実に進んでおり、各国政府が積極的に導入支援策を打ち出している以上、確実にＥＶ化は進むと考えるべきでしょう。

なお、トラック（貨物自動車）については、馬力の関係から電動化は難しいとされています。

過渡期の石油安定供給

世界の石油需要は、先進国では既に減少していますが、途上国の増加で２０４０年代に向けて増加を続けるとの見方が有力です。しかし、ＥＶの普及が進展する場合、２０３０年代の初めにピークを迎えるとの見方もあります。例えば、日本エネルギー経済研究所のシミュレーションによれば、ＥＶの新車販売が２０３０年30％、２０５０年１００％となる場合、世界石油需要は、２０３０年代初めに９８００万ＢＤ程度でピークアウトするが、その後の減少は緩やかで２０５０年時点でも現状水準の８９００万ＢＤの需要は残るとしています。そのため、石油の新規開発投資や精製設備等の更新投資は、安定供給上引き続き必要です。仮に乗用車が１００％電動化されても、全体の石油需要の約25％程度であり、貨物輸送・海運・航空燃料や石油化学原料としての石油需要は残ると見られます。

EV化による石油需要ピーク試算

【EV比率の前提】ピークケース：2030年30%・2050年100%、レファレンスケース：2030年9%・2050年20%

●石油消費

レファレンス
122
105
98
技術進展
97
90
86
89
石油需要ピーク
Mb/d
120
100
80
60
2010 2020 2030 2040 2050

石油需要ピークケースでは、石油消費は2030年ごろの98Mb/dを頂点に減少に転じる。レファレンスシナリオからの減少は、2030年に7Mb/d、2050年には33Mb/dに拡大

●自動車用石油消費（石油需要ピーク）

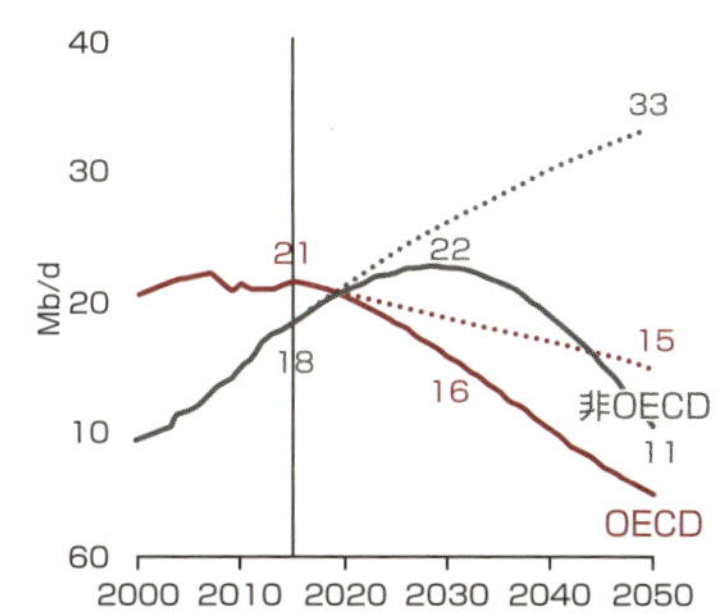

注：点線はレファレンスシナリオ

レファレンスシナリオでは急速な増加を続ける非OECDの自動車用石油消費も2030年ごろから減少に転じる。2050年にはレファレンスシナリオ比で約3分の1にまで減少

出所：日本エネルギー経済研究所　「エネルギーアウトルック2018」

石油会社の進化、企業のDNA

内外ともに石油業界は、地球温暖化対策の一環としてのエネルギー転換、脱炭素化の流れの中で、生き残りに向けて、事業基盤の転換に迫られています。第1章で、石油業界の動きを見てきましたが、主な方向性としては、再生可能エネルギー発電や電力小売などの電力事業への参入、高機能素材を含めた石油化学事業の強化の二つが指摘でます。石油会社は、各社の有する優位性を踏まえ新規事業に挑戦して行くことになりますが、両者とも、過去の経験やサプライチェーンの延長といった側面があります。

そうした中、メジャーの雄、**ロイヤル・ダッチ・シェル**は、「2035年に世界一の電力会社を目指す」と表明しました。英蘭シェルは、環境先進企業として有名です。同社の前身「サミュエル商会」は、欧州とアジアの貿易会社でしたが、明治初年、日本の貝細工の貿易で財を成しました。そのため、社名が「シェル」(貝)で、ブランドマークも貝殻(ペクテンマーク)です。その後、ロシア灯油のタンカー輸送を請け負い、オイルメジャーへの道を歩みました。おそらく、持続的成長の方向性を見極めつつ、企業としての「進化」を続けるDNAを持っているのでしょう。

わが国の代表的企業、トヨタも、そんな企業です。もともとは、豊田織機、自動織機(織物機械)の製造会社です。昭和初年、自動車製造に乗り出し、世界的な自動車メーカーに成長しました。そのトヨタの豊田章男社長が、「移動サービス(MaaS)の会社を目指す」として、「全ての市民に快適かつ自由な移動サービスを提供する」と表明しました。そのためには、孫正義氏率いるソフトバンクと提携するし、富士の裾野に実験未来都市も建設します。100年に一度といわれる自動車産業の変革期に直面して、トヨタは、自ら変革の道を選び取っています。

わが国の石油元売各社も、持続的成長を目指して、「進化」すべく、事業基盤の拡大に積極的に乗り出しています。電力事業や石油化学事業はもちろんのこと、次世代自動車技術を象徴する“CASE”への対応、移動サービスの情報基盤(プラットフォーム)の構築を含めて、新規事業への取り組みに期待したいと思います。

石油と石油産業の基礎知識

石油はどのようなものか？

石油産業はどのようになっているか？

第２章では、石油と石油産業の基礎知識を説明します。

石油には、優位性（長所）もあれば、問題点（短所）もあります。そして、石油の安定供給を担う石油産業の仕組みや特徴も、できるだけわかりやすく解説したいと思います。

1 石油とは何か?

まず、石油とはどのようなものか、その定義、名称、単位等について、説明します。

液状炭化水素化合物

石油とは、地中から採取された**原油**と原油から精製された石油製品の総称です。

原油とは、炭化水素を主成分とし、微量の硫黄、窒素、酸素、金属などを含む鉱物性の液体化合物です。原油には、ガス田から天然ガスと共に産出される液状のコンデンセートや、ガス・オイル・セパレーター(GOSP)で分離された天然ガス液(NGL*)、最近増産されているシェールオイル(タイトオイル)等の**非在来型原油**を含めることが多いです。通常、原油のままでは、火力発電など単純な燃焼用途以外には利用できず、燃料や原料として利用するためには、製油所(石油精製工場)で、精製工程を経て、ガソリンや灯油、軽油、重油、潤滑油等の石油製品を製造する必要があります。

石油は、エネルギー源として、常温において液体であることが大きな特長であり、固体である石炭、気体である天然ガスと異なります。海外の天然ガスは、低温加圧、液化してLNG*として輸入されます。

石油という名称

石油は、英語では**ペトロリアム**(Petroleum)あるいはオイル(Oil)です。ペトロリアムは、ラテン語の岩石を意味するペトラ(Petra)と油脂・香料を意味するオレウム(Oleum)の合成語です。古代メソポタミアや古代エジプトでは、防腐剤や薬剤として利用されていました。

また、わが国においては、石油は、北宋の沈括による「夢渓筆談」から出典された用語といわれていますが、

＊NGL　Natural Gas liquidの略。天然ガス液のこと。
＊LNG　Liquefied Natural Gasの略。液化天然ガスのこと。

明治の初めには、「石炭油」と呼ばれていたものを後に「炭」を省略したとの説もあります。

わが国では、日本書紀の天智天皇の即位7年（668年）に、「越の国、燃ゆる水・燃ゆる土を献上す」との記述があり、これが記録に残る石油に関する最古の記述です。現在の新潟県から、石油とアスファルトが大和朝廷に献上されたのでしょう。江戸時代には、「草生水・臭生水」（くそうず）と呼ばれ、新潟県、秋田県、千葉県等限られた地域で、炊事や暖房等に利用されました。全国的に石油が利用されるようになるのは、明治中頃に、灯油ランプの燃料となってからです。

バレル

原油関連の単位として、**バレル**（Bbl）が使われています。バレルとはまさに「樽」のことで、18世紀半ば過ぎ、米国で近代石油産業が成立した頃、石油の輸送手段として、酒樽が活用されたことに始まり、その後も伝統的に原油の取引単位として使用されています。1バレルは159リットルに相当し、日量で表示されることが通常です。

石油に関するおもな単位と換算方法

石油単位換算表（容量）
1バレル（B）=159リットル（L）=0.159キロリットル（KL） 1キロリットル（KL）=1000リットル（L）=6.29バレル（B） 1米ガロン=3.785リットル（L）
原油輸入量の換算例（KL/年→バレル/日）
2018年度原油輸入量:1億7704万KL/年 →1億7704万KL÷365日÷0.159KL=305万バレル/日
原油価格の換算例（ドル/バレルから円/L）
ドバイ（中東）原油価格（2019年6月平均）:62ドル/バレル 為替レート（2019年6月平均TTS）:109円/ドル →109円×62ドル÷159リットル=42.5円/リットル
ドバイ原油60ドル/バレル、為替レート110円/ドルの時の変動幅
●原油価格が1ドル/バレル上昇した場合は約70銭/Lの値上がり ➡110円×1ドル÷159リットル=0.692円 ●為替レートが1円/ドル円高となった場合は約40銭/Lの値下がり ➡1円×60ドル÷159リットル=0.377円

2 石油有機起源説

次に、石油がどのようにできたのか、その起源、成因について、有機起源説を中心に解説します。

有機説と無機説

石油のでき方については、従来、地球深部で炭素と水素が化学反応（重合*）してできたとする**無機説**と生物の死がい等の有機物が分解*されてできたとする**有機説**が対立してきました。

今日では、電子顕微鏡やガスクロマトグラフの発達で、石油から生物の痕跡であるバイオマーカーが検出されたこと、原油の分子構造の組成が生物に似ていることから、有機説が圧倒的に有力です。現実の探鉱・開発事業でも、有機説を前提に実務が行われています。

堆積、熟成、移動・集積

原油・天然ガスは、数億年前の古生代から数千万年前の新生代の地層から広く発見されます。特に、恐竜が活躍した中生代（約2億5000万年前から6600万年前）の地層のものが多いです。有機起源説によれば、石油・天然ガスの生成過程は次のとおりです。

①生物と土砂の堆積：堆積盆地と呼ばれる浅く広がった海や湖に、プランクトンや藻類を中心に、陸上・水中の動植物を含め生物の死がい（有機物）が、砂や泥とともに厚く降り積もる。

②ケロジェンの生成：新たな岩石・土砂が堆積し地層が形成される過程で、生物の死がいからケロジェンといわれる有機物が生成される。

③石油の熟成：長い年月の中で、地熱や圧力、バクテリアの作用により、ケロジェンは石油系炭化水素に変化する。石油が熟成される地層を石油根源岩という。

用語解説

*重合　一つの化合物の2個以上の分子が結合して、新しい化合物となる反応。
*分解　化合物が2種類以上の簡単な物質に変化する化学反応。

④石油の移動と集積：地殻変動や圧力で、炭化水素は近隣の岩石の隙間に排出、移動、集積される。石油が移動し、集積する地層を石油貯留岩という。

鉱床の形成

このように生成された原油・天然ガスの商業生産が可能な集積が、**鉱床**です。石油鉱床が成立するためには、次の3要素からなる**石油システム**が必要となります。①石油根源岩の存在、②根源岩からの排出・移動、③石油貯留岩と帽岩からなるトラップへの集積です。すなわち、硬い岩盤からなる帽岩で上部をシールされた、褶曲地層や傾斜した断層が形成され、より粗い隙孔（隙間）を有する土砂からなる貯留岩のトラップに、炭化水素化合物がタイミングよく、排出、移動、集積されてはじめて、石油鉱床が形成されるのです。

原油は、地下にプール状に溜まっているわけではなく、貯留岩の隙間に浸み込んだ状態で存在しています。

また、石油は、流体（液体）なので、供給・消費段階では利便性や経済性が高い反面、地下では流体が移動するため、炭鉱・開発段階ではそのリスクが大きくなります。

石油・天然ガスの生成（有機説）

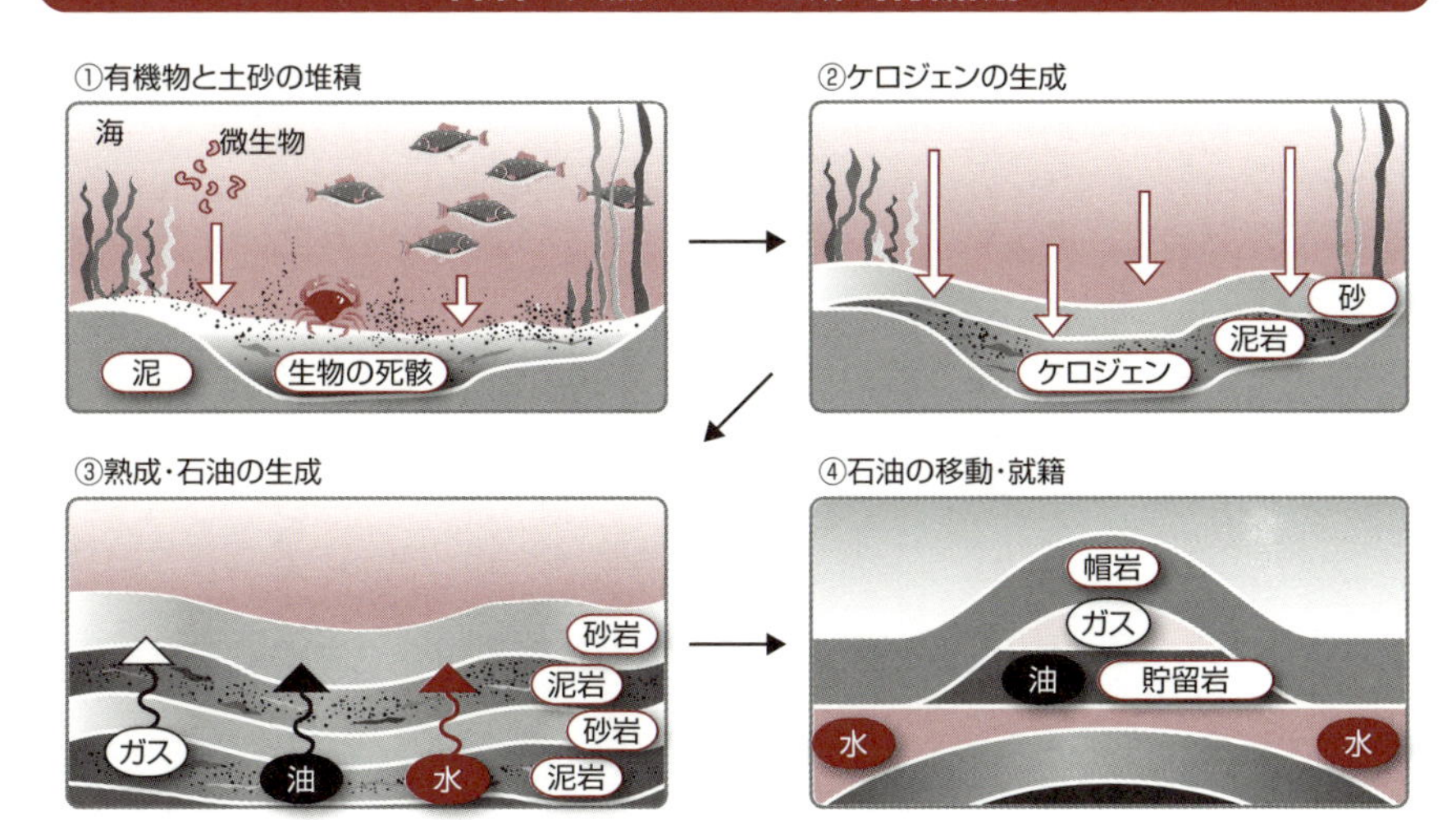

出所：石油連盟『調べてみよう石油の活躍』より

3 石油の埋蔵量

石油に関する講演時には、「石油はいつ枯渇するか？」と質問されることがよくあります。可採年数と枯渇との関係を誤解している人が多いようです。

埋蔵量の定義

地中に存在している資源の総量は**資源量**(Resources)、そのうち商業的に回収(生産)可能な量を**埋蔵量**(Reserves)といいます。石油技術者協会のPRMS*によると、埋蔵量(Reserves)とは、「地質学的・工学的データにより、ある時点以降に、既知の貯留層から、現状の経済条件、操業技術と政府規制の下で商業的に回収されることが予想される量である」と定義されます。また、回収可能性の確率によって、①90％以上で**確認埋蔵量**(Proved Reserves)、②50％以上で**推定埋蔵量**(Probable Reserves)、③10％以上で**予想埋蔵量**(Possible Reserves)と3種類に分類しています。

語感からすると、日本語で「埋蔵」というと、地球上に存在する量とのイメージを想起しますが、あくまで、埋蔵量の定義は、「現時点の技術と経済を前提に商業的に回収(生産)可能と評価される量」であり、技術革新や原油価格上昇等の要因で増加する性格のものです。

埋蔵量の増加

石油業界で基本的データとされるＯＧＪ*誌の各年版によれば、石油の確認埋蔵量は、毎年の消費増大にもかかわらず、数年の例外を除き、趨勢的に増加を続けています。その結果、２０１９年末の埋蔵量は７５年末の約2・6倍に達しています。１９８０年代後半、ＯＰＥＣ*加盟国は競って自国埋蔵量の上方修正を行いました。例えば、１９８８年サウジアラビアは約８００億バレルの埋蔵量を追加しました。また、ＯＧＪ誌は、

＊PRMS　Petroleum Resources Measurement Systemの略。
＊OGJ　Oil&Gas Journalの略。
＊OPEC　Organization of the Petroleum Exporting Countriesの略。石油輸出国機構のこと。

原油価格の上昇と技術革新により、非在来型石油の生産が商業化されたものとして、２００３年末にはカナダ・アルバータ州のオイルサンド約１７００億バレルを、２０１０年末にはベネズエラのオリノコタール約１２０億バレルをそれぞれ確認埋蔵量に追加しました。

現在の石油確認埋蔵量は、第1位ベネズエラ、第２位サウジアラビア、第3位カナダの順になっています。

可採年数

資源量と埋蔵量の指標の一つとして**可採年数**があります。可採年数（Ｒ／Ｐ）とは、現時点での技術と価格で確実に生産可能な確認埋蔵量（Ｒ）をその年の生産量（Ｐ）で割った数値です。技術革新や価格上昇で分子の埋蔵量は増えるし、省エネルギー・燃料転換で分母の生産量は減ります。人類の努力によって、変化しうる数字です。したがって、可採年数は、決して「枯渇までの年数」ではありません。ＯＧＪ誌では、可採年数も１９７５年の35年から２０１９年の49年と増加しています。なお、石油の世界では〝Reserve〟には「埋蔵」だけでなく「在庫」や「備蓄」の意味もあります。

主要産油国の確認埋蔵量と生産量

国名	確認埋蔵量（百万Ｂ）	シェア	生産量（千ＢＤ）	シェア	可採年数（年）
ベネズエラ	302809	18.00%	1070	1.10%	775.3
サウジアラビア	267026	15.90%	12000	12.70%	61.0
イラン	155600	9.20%	3440	3.60%	123.9
イラク	145019	8.60%	4800	5.10%	82.8
クウェート	101500	6.00%	2970	3.10%	93.6
UAE	97800	5.80%	3980	4.20%	67.3
OPEC合計	1189804	70.70%	35825	37.90%	91.0
カナダ	167896	10.00%	5300	5.60%	86.8
ロシア	80000	4.80%	11450	12.10%	19.1
中国	26154	1.60%	3845	4.10%	18.6
米国	70992	4.20%	17200	18.20%	11.3
非OPEC合計	493410	29.30%	58606	62.10%	23.1
世界総計	1683214	100.00%	94431	100.00%	48.8
うち中東	803170	47.70%	30114	31.90%	73.1

出所：OGJ2019年末版、2019年時点

4 石油の優位性

第一次石油危機以来、「脱石油政策」が進めあられてきましたが、わが国の一次エネルギー供給における石油のシェアは、いまだに約40％と最大シェアを占めています。その理由は何でしょうか？

石油の用途（需要）

２０１８年度の国内石油製品需要は1億６８００万ＫＬと、１９９９年度のピークから32％減少しました。

しかし、石油の用途は極めて広く、国民生活と産業活動にとって必要不可欠なエネルギー源として重要な役割を果たしています。

主な用途としては、①**輸送用燃料**、②**産業・民生用燃料**、③**石油化学用原料**の３つに分けられます。

最大の用途は、輸送用燃料で、内需全体の約40％強を占めます。うち90％が自動車用のガソリンと軽油であり、航空機用のジェット燃料、船舶用の重油も各５％程度の需要があります。電気自動車等の登場で、石油の輸送用燃料の独占は崩れつつありますが、現時点ではその代替性は限られています。

次に、各種熱源として利用される産業・民生用燃料が約40％弱を占めます。ビルや店舗などの業務用、工場などの工業用のボイラー、あるいは、火力発電用燃料としても利用されています。民生用としては、暖房用の灯油が代表的で、都市部ではオール電化や都市ガス暖房に押されているものの、熱量の高い灯油は北海道や東北などの寒冷地ではまだまだ暖房の主力です。

残り約20％を占めるのが、石油化学原料です。ガソリンとほぼ同様の留分であるナフサからは、石油化学工場で、石化誘導品から、化学繊維、プラスチック、ペットボトル、ゴム、タイヤ等の石油化学製品が生産されます。最近、天然ガスを原料とする場合も増えましたが、代替性は限られています。

需要面と供給面の優位性

需要（消費）面において、石油は、①他の化石燃料に比べて単位容積・単位重量当たりの熱量が大きいこと（エネルギー密度の高さ）、②常温常圧で液体であることから運搬・保管・取扱が容易なこと（利便性）、③炭化水素化合物であることから幅広い多様な利用が可能であること（汎用性）、などが優位性として挙げられます。このように、石油のもたらす消費面で便益は極めて大きいものとなっています。

他方、供給面において、石油は、液体燃料であるため、原油生産・原油輸送・精製・貯蔵・石油製品輸送等、サプライチェーンの各局面で、パイプライン（配管）による輸送・取扱が可能で、精製設備・タンカー・タンク等の大型化などスケールメリット（規模の経済性）が発揮でき、低コストによる供給が可能になっていること（経済性）が、優位性といえるでしょう。

このように、石油の最大の特長は、消費における利便性（便益の大きさ）と供給における経済性（コストの小ささ）にあります。

各種エネルギーの比較

エネルギー	常温常圧の性状	容積当り熱量	重量当り熱量	貯蔵性（備蓄可能性）	在庫（備蓄）日数
石炭	固体	―	25.7MJ/kg（輸入一般炭）	経済的に困難	約30日
石油	液体	38.2MJ/ℓ（原油）	44.8MJ/kg（原油）	経済的に可能 原油は長期貯蔵可能	約220日
天然ガス	気体	44.8MJ/Nm³（都市ガス）	54.6MJ/kg（LNG）	経済的に困難 日本は冷凍液化で輸入	10〜15日
【参考】電気	無体物	N.A.	N.A.	貯蔵不可能、同時等量必要	N.A

（注：熱量はエネルギー統計、原油密度はIEA資料による）

5 石油の問題点

石油は、利便性が高いエネルギーですが、その半面、種々の制約、問題点を持っています。ここでは、石油に内在する問題点、制約を考えてみましょう。

ピークオイル

石油は、生物を起源に、数億年、数千万年をかけて生成されることから、有限な資源であることは間違いありません。「古代生物の命」であり、「地球からの贈り物」です。この有限性への懸念は、2000年代初頭には、近い将来石油は供給のピークを迎え、その後供給は減退するという**ピークオイル**論として、石油の資源論的な制約、近い将来の枯渇懸念を巻き起こしました。

そして、ピークオイル論は、2000年代の原油価格高騰に拍車をかけました。

資源制約の克服

しかし、技術革新等による埋蔵量の増加傾向、特に、カナダやベネズエラの非在来石油の商業化、さらに、2010年代の米国の**シェール革命**は、資源制約・枯渇懸念を大きく後退させました。そして、ピークオイルを主張する論者はほとんどいなくなりました。国際エネルギー機関（IEA）*によれば、確認埋蔵量ベースでは1兆6940億バレルで可採年数は49年ですが、資源量ベースでは6兆1270億バレルで176年相当と、現時点では枯渇懸念は相当程度克服されたものと見てよいでしょう。

偏在性と地政学リスク

石油の起源に起因する、もう一つの供給面における制約は、石油資源の偏在、中東地域への集中による供給削減懸念です。埋蔵量ベースで、中東地域には約半

*国際エネルギー機関（IEA）　International Energy Agencyの略。

分の石油資源が集中していますが、地政学的に見て、中東は古来紛争が多発しています。

今日では、産油国と消費国間の相互依存関係の深化により、第一次石油危機時のような石油戦略の発動といった事態は考えにくく、IEAを中心とする危機管理体制も整備されていますが、突発的事故やテロによる供給障害の発生は起こりうることです。特に、わが国は、中東地域に原油輸入の90%近くを依存しており、調達面のエネルギー安全保障・石油安定供給の確保は、引き続き重要な課題です。

環境制約

石油は、国民生活・産業活動に必要不可欠な基礎物資ですが、炭化水素化合物であることから、需要において燃焼消費すると、酸化反応により、二酸化炭素(CO2)の発生が避けられません。そのため、石炭や石油に対する圧力が高まっており、地球温暖化対策、気候変動対策は避けて通れない課題となっています。

石油の優位性と問題点

優位性(長所)

供給(生産)	需要(消費)
供給における低コスト(経済性) ・スケールメリット(輸送・貯蔵・製造)	**消費における高い便益** ・利便性 ・非代替性 ・汎用性
供給における中東依存(資源の偏在) ・高い地政学リスク(安定供給の要請)	**消費におけるCO_2発生(化石燃料)** ・地球温暖化対策

中心:高熱量の液体燃料

問題点(短所)

6 石油産業の仕組みと役割

国民生活・産業活動に必要不可欠な石油を、油田の開発・生産から消費者・需要家に確実に届ける役割を担っているのが石油産業です。石油産業の仕組みと役割を見てみましょう。

上流と下流

石油産業は、広範囲で長いサプライチェーン（供給連鎖・流通網）を有することが特長です。

石油産業では、この長いサプライチェーンを川の流れに例えて、油田の探鉱・開発、原油の生産・出荷の部分を**上流**（**アップストリーム**）、石油の調達・輸送、原油の精製・石油製品の生産、石油製品の流通・販売の部分を**下流**（**ダウンストリーム**）といいます。

上流石油産業の特長は、「ハイリスク・ハイリターン」です。石油の探鉱・開発には、大きなリスクを伴いますが、生産に成功した場合の利益は大きいです。また、大規模油田では、生産・出荷のコストは極めて安くなっています。サウジの平均原油生産コストはバレル当たり2.8ドルです（アラムコ社債目論見書）。国際市場の原油価格とコストの差は**レント**（剰余価値、地代）として産油国・上流石油企業の収益となります。メジャー石油会社の収益の約80％は上流部門です。

下流石油産業の収益は、リスクは低いものの、リターンは総じて少く、下流の収益のポイントは、コストを確実に転嫁し、マージンを確保することです。

一貫操業

上流と下流を通して操業している石油会社を**一貫操業会社**といいます。シェルやエクソンモービルといったメジャー石油会社は一貫操業会社です。原油価格が高騰している間は上流で稼ぎ、低迷する間は下流で確実に稼ぐといった収益確保が可能です。しかし、19

９０年代の石油産業再編の過程で、集中と選択の下、セグメント化（部門分離）も進みました。米国では石油精製専業会社が増えましたし、メジャーも先進国の流通・販売部門からは一時撤退する動きもありました。

わが国では、上流会社と下流会社は、分断されていることが特長です。戦前は一貫操業会社も多かったのですが、戦後、原油調達はメジャーに委ねるかたちで、石油開発会社は、アラビア石油を除けば、石油危機後の発足が多いです。ＪＸ、出光、コスモともに上流部門も有しますが、その規模は小さいものです。

また、石油産業では、探鉱・開発など専門的な分野、タンカーやローリー等の輸送分野、製油所装置の保全メンテナンス分野などについては、契約ベースで専業会社を起用する例が多いです。

石油産業のサプライチェーンは、大規模な設備・装置の連鎖でもあります。その意味で、石油産業は典型的な**装置産業**であるといえます。こうした巨大設備の連鎖を、環境保全に留意しつつ、安全かつ円滑に運営し、安定供給を図っていくことが、石油産業の役割です。

ナフサから石油化学製品へ

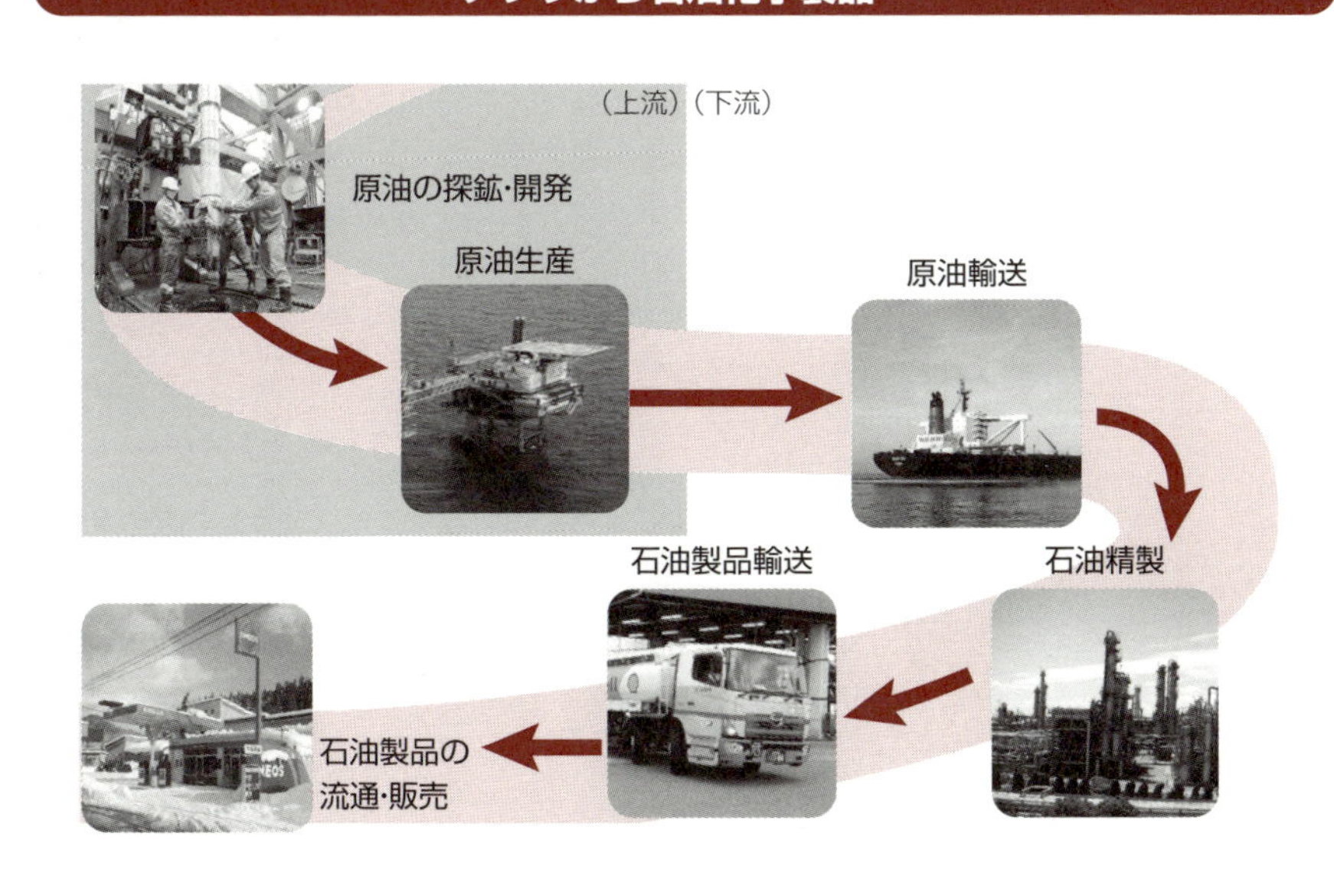

7

連産品特性と過当競争体質

石油産業にとって、宿命ともいえる二つの課題を説明します。一つは、原油の有する連産品特性、そして、もう一つは、巨大装置産業であることに起因する過当競争体質についてです。

連産品特性

通常、石油は、消費の用に供するためには、原油を精製し石油製品を製造する必要がありますが、特定の石油製品だけを生産することはできません。LPGからガソリン、灯油、軽油、重油とすべての製品が、世界各地で産出される原油の品質・性状によって、一定の割合で生産されます。こうした性質を**連産品特性**といいます。連産品とは、一つの製造工程から生産される二つ以上の製品のことをいい、石油は典型的な連産品ということができるのです。

ただ、原油によって各製品（**留分**）の採れる割合（**得率**）は異なるものの、製油所の装置構成や運転条件で、ある程度増減させることは可能です。重油留分の多い**重質原油**から、軽質で付加価値の高いガソリンを増産できる装置を有することで競争力が向上します。

また、連産品として生産される各製品は、製品ごとに生産コストが計算できないないことから、メーカーとしての石油精製会社は、コストを回収し収益を上げるためには、主製品と副生品ということではなく、各製品の付加価値に応じた原価配賦を行う必要があり、すべての製品から総合的に原価を回収すること（**総合原価主義**）が必要になります。

過当競争体質

石油産業は、上流から下流まで巨大な装置産業であり、特に、原油生産設備、石油精製設備は高額の設備投資が必要となり、コストに占める固定費割合が大きくなります。そのため、装置に対する投資は過大になりがちであり、投資後は設備投資の回収のために、増産に走りがちで、過当競争体質に陥りがちです。

特に、上流の原油生産設備については、生産能力一杯のフル生産を行うのが通常であり、需給調整の役割を担っている石油輸出国機構（ＯＰＥＣ）も、原油価格上昇期には生産協定違反の増産に走りがちです。また、下流の石油精製設備についても、単位製品当たりの変動費を小さくするために、増産のインセンティブが付きまといます。その結果、原油市場、石油製品市場共に、供給過剰状態が常態となっています。こうした事態を避けるためには、設備規模を需要に応じた適正水準に合わせることが必要になります。

石油産業のジレンマ

しかし、供給削減の緊急時や災害時の安定供給を考えれば、設備は大きめに持った方が良いのも事実です。このように、石油産業は、経営効率性・合理性からの要請と安定供給を中心とする公益的な要請の間で、ジレンマを抱えつつ操業しているのが現状です。

連産品特性

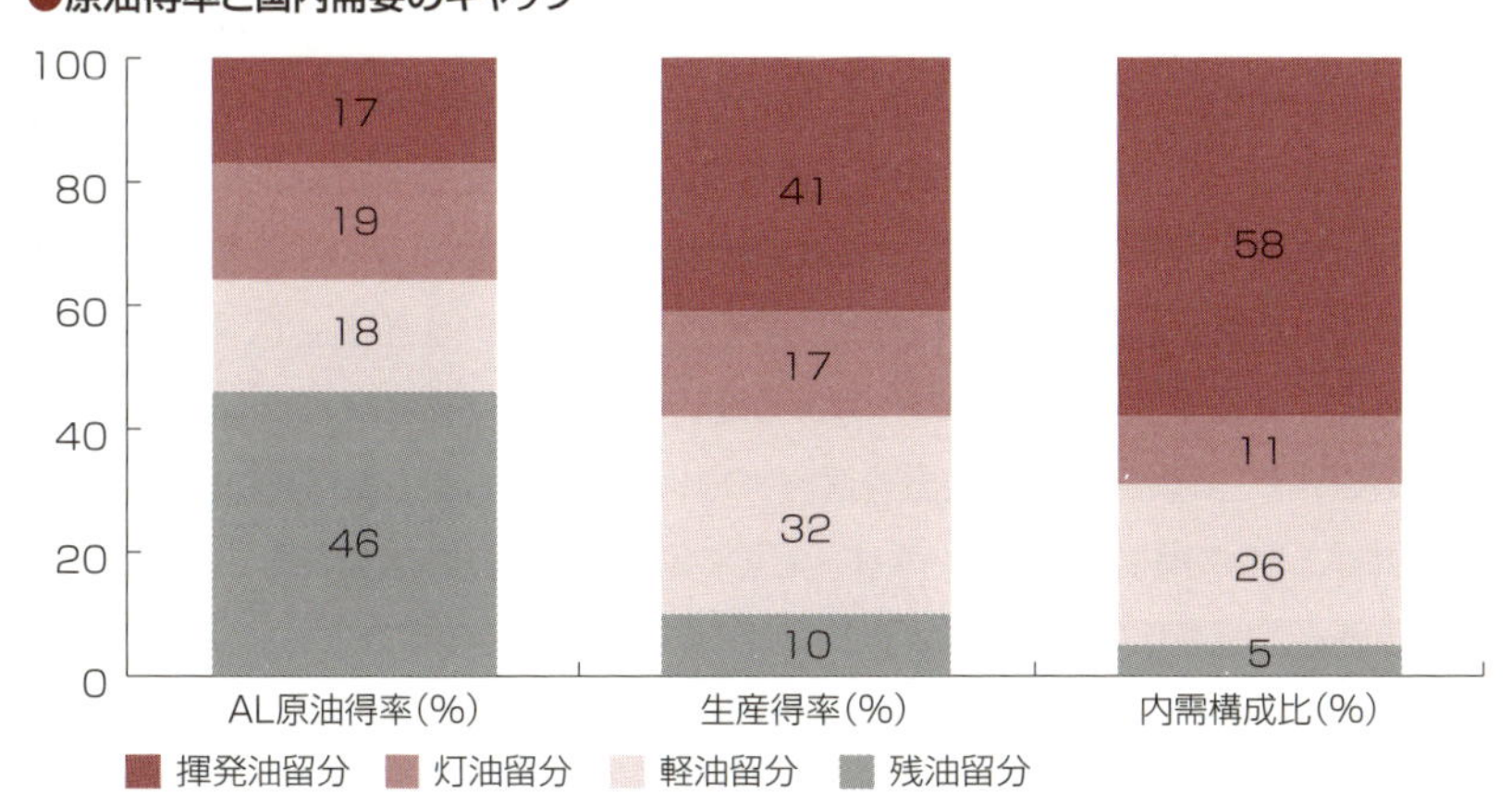

注 ： AL：アラビアンライト原油、わが国の標準的輸入原油
出所 ： 各種資料より筆者作成

石器時代が終わったのは石がなくなったからではない

1970〜80年代、"Mr.OPEC"といわれたサウジアラビアのヤマニ元石油相の言葉です。第1次石油危機で原油価格の支配権を得たOPECは、政策的必要性から恣意的に継続して原油価格の引き上げを行いました。そんな時期にヤマニ元石油相は、OPEC会議等で同僚の各国石油相たちに繰り返し語りました。原油価格を上げてばかりいては、石油代替技術や代替エネルギーが開発され、顧客（消費者・需要家）が石油離れを起こして、石油の埋蔵を残したまま、石油の時代が終ってしまうと警告しました。サウジは、そうした悪夢をさけるため、伝統的石油政策として、消費国への安定供給を重視し、穏健な原油価格の維持に努力してきました。80年代後半の原油価格低迷期に入り、長く、この言葉は聞かれませんでしたが、最近になって、新たな文脈で、多くのエコノミストやジャーナリスト等から聞かれるようになりました。地球温暖化対策のためのエネルギー転換や脱炭素化の進展から、大量の埋蔵を残したまま石油の時代は終わるであろうという意味です。2016年に気候変動に関するパリ協定が発効、2017年に乗用車の電動化推進を仏、英、中、インド等の国々が提唱、2030年代に石油需要のピークを迎えるとの予測が出回り始めると、特に意識されるようになりました。すでに、石炭については、ゴア米元副大統領が、「将来、無価値になる」と発言し、オックスフォード大学の環境系研究所が、わが国の石炭火力発電所は「座礁（回収不能）資産化」すると指摘しています。おそらく、脱炭素化の流れの中で、石炭の延長線上で、石油も同様の対象となるでしょう。また、世界の一部機関投資家は、ESG（環境・社会・ガバナンス）投資の観点から、石油を含む化石燃料関連プロジェクトからの「ダイベストメント」（投資の引き上げ）の動きを見せています。大量の原油埋蔵量が無価値になり、回収不能資産化するという事態は、多くの産油国にとって、悪夢以外の何物でもなりません。

2020年1月、サウジアラビア国営石油会社「サウジ・アラムコ」は、限定的ながら、株式の新規上場（IPO）を行いました。筆者の見立ては、このIPOは、「原油埋蔵の座礁資産化回避のための現金化」、ないし、「世界各国の投資家との座礁資産化のリスクヘッジ」の第一歩ではないかということです。ただ、この見立てが正しいかは、わかりません。サウジのムハンマド皇太子に聞いてみるしかないでしょう。

石油産業の歴史

第3章では、約160年にわたる石油産業の歴史を振り返ります。

国際石油市場においては、需給調整の役割を誰かが担わないと、価格の高騰や暴落を招いてしまいます。どのように、誰が需給調整を行ってきたかを中心に説明します。

また、技術の発達の中で、石油の役割の増大についても、考えてみたいと思います。

1 近代石油産業の成立

石油が近代産業として成立してから、160年が過ぎました。最初に、近代石油産業の成立と初期の状況を見てみましょう。

ドレーク井

近代石油産業の成立は、1859年8月28日、元鉄道員の**エドウィン・ドレーク**が、ペンシルバニア州タイタスビルのオイルクリーク川岸で、回転式掘削機を用いて原油生産に成功したときに始まるといわれています。これを**ドレーク井**といいます。

この報を聞きつけ、タイタスビルには全米から一獲千金を夢見る人々が押しかけ、ゴールドラッシュならぬオイルラッシュの様相を呈したといわれます。タイタスビルには、原油の取引所が開設され、活発な取引が行われましたが、ブームによる供給過剰で早くも1862年には価格が暴落するなど、原油価格は成立初期から変動を繰り返しました。

鯨油ランプ

当時の米国は、西部開発が進み太平洋岸に到達、フォロンティアが消滅した頃で、鯨油ランプの普及により鯨油不足になりつつありました。ペリー提督の浦賀来航(1853年)も、捕鯨船への水・食料・燃料の補給が目的でした。ドレーク井の成功が早かったら、米国による日本の開国はなかったかもしれません。

また、鯨油に代わる照明用燃料を生産するため、炭鉱の滲出油、油分の多い石炭や天然アスファルトを原料に**石炭油**(Coal Oil)を抽出するための簡易な蒸留釜が各地に存在し、多くは石油精製用に転用され、石炭油の生産技術が石油精製技術に応用されました。

この頃の石油の用途は、ランプ用の灯油と潤滑油に限られ、ガソリンなどの留分は、あまりものでした。

ジョン・ロックフェラー

こうした中、**ジョン・D・ロックフェラー**は、1870年、オハイオ・スタンダード・オイル（ソハイオ）を設立し、石油市場の集中を目指しました。

まず、産油地域における鉄道タンク車やパイプラインなどの輸送手段を傘下に収め、競争相手に対する差別的運賃（釣り上げ）で経営困難に陥れ、買収を繰り返したのです。その結果、1890年には、全米製油所の80％をその手中に収めたといわれています。

ロシアの石油産業

米国での石油産業の発達に刺激されて、ロシアでも1970年代半ば頃から石油産業が発達しました。

ノーベル兄弟は、1875年、産油地帯であるバクー（現アゼルバイジャン）に製油所を設置、産油業にも参入、また、金融資本ロスチャイルド家も、鉄道建設を足場に、バクーの原油生産に進出しました。80年代には、欧州市場で、米国産灯油と競争を繰り広げました。

写真でみる石油の歴史①

▲ジョン・D・ロックフェラー

▲灯油ランプ

▲ドレイク井

2

オイルメジャーの形成

米国で誕生した石油産業も、ロシア、そしてアジアに広がり、次々と大規模石油会社が登場しました。20世紀初頭におけるそれら石油会社の成立と活動を概観しましょう。

シェルの誕生

英国の貿易商**マーカス・サミュエル**は、日本を中心とする東洋貿易、特に貝殻（シェル）細工で財を成しましたが、１８９１年にロスチャイルド家と提携、東洋市場におけるロシア灯油の販売に乗り出し、１８９７年にはシェル運輸貿易会社（現在のシェル）を設立しました。

また、１８９０年には、オランダのロイヤルダッチ社が設立され、蘭印（オランダ領東インド、現インドネシア）の石油開発を開始、東洋の灯油市場に、スタンダード、シェルに次ぐ、第三勢力として登場、激しい競争を繰り広げました。その後、１９０１年、シェルとロイヤルダッチが提携（**英蘭協定**）、１９０３年にはこれにロスチャイルドが参加、１９０７年には、**ロイヤルダッチ・シェル**の設立で、一本化されました。その結果、世界の石油市場は、スタンダードとシェルが二大勢力として競合することになったのです。

また、英国人**ウイリアム・ダーシー**は、１９０８年、イランのマスジッド・イ・スレイマン油田を発見し、これを基に１９０９年、現在のＢＰの前身であるアングロ・ペルシャン石油を設立しました。

スタンダード石油の分割解体

一方、米国では、１９００年頃から、テキサス州やカリフォルニア州等で次々と油田が発見され、スタンダード石油以外にも、１９０２年に**テキサス社**（後のテキサコ）が、１９０７年に**ガルフ石油**が、それぞれ設立されました。

並行して、スタンダード石油は、米国内石油市場で企業統合を進めましたが、1911年に至り、持ち株会社としてのニュージャージー・スタンダード石油に、シャーマン反トラスト法（わが国の独占禁止法）違反の判決が下り、34社に分割され、スタンダード石油は解体されました。その中から、カリフォルニア・スタンダード石油（ソーカル、現在のシェブロン）やニューヨーク・スタンダード石油（ソコニー、後のモービル）などが誕生しました。

セブン・シスターズ

こうして成立した、シェル、アングロ・ペルシャ、ニュージャージー・スタンダード（後のエクソン）、ソーカル、ソコニー、テキサス、ガルフの7社は、**セブン・シスターズ**（7人の魔女）と呼ばれます。また、これらの石油会社は、**オイル・メジャーズ**と呼ばれ、国際石油資本として、世界各国で、上流から下流まで一貫操業を行いました。

このように、20世紀初頭には、現在の産業体制につながる7大メジャーズによる産業体制が形成されたのです。

オイルメジャーの流れ

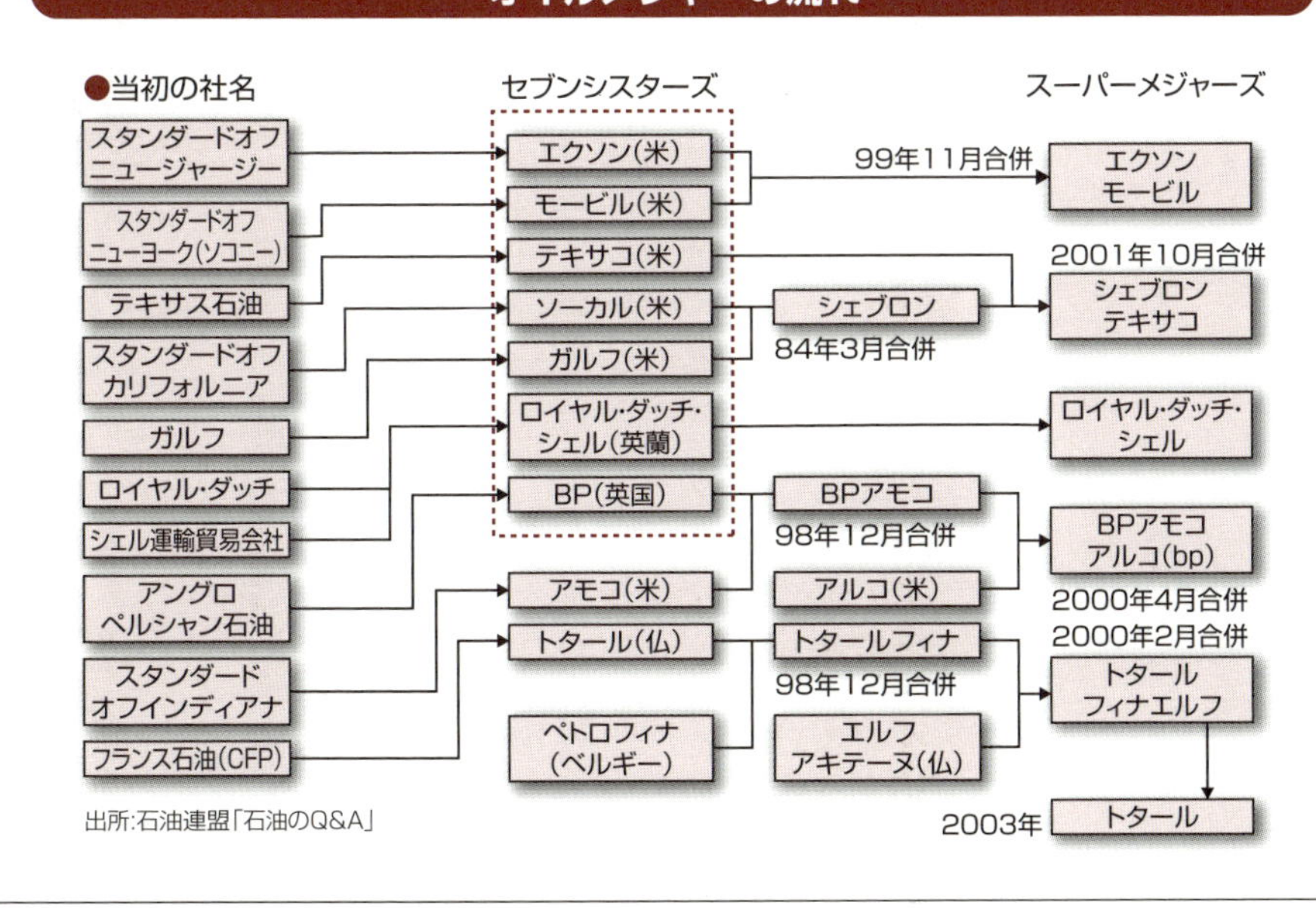

出所：石油連盟「石油のQ&A」

3 第一次世界大戦と国際石油カルテル

当初、石油の主要な用途は、ランプの灯油でしたが、20世紀に入り、自動車・航空機・船舶等の輸送用燃料に広がりました。しかし、それは同時に、軍需品としての石油の重要性を高めたのです。

T型フォード

ドイツでは、1883年にダイムラーがガソリンエンジンを、1891年にディーゼルがディーゼルエンジンを発明しました。その後、1896年には米国人**ヘンリー・フォード**がガソリン自動車を製作し、1908年の**T型フォード**の発売で、自動車は量産化、大衆化され、米国では一挙に自動車が普及しました。1903年には、米国人**ライト兄弟**が世界初の有人動力飛行に成功し、石油は航空用ガソリンの用途もできました。

チャーチルの石油転換

第一次世界大戦を目前にして、1910年、英国の**チャーチル**海軍大臣は、軍艦の石炭から石油（重油）への燃料転換を決定しました。理由は、重量軽減と馬力向上による航行速度の向上、貯炭スペースの有効活用でした。エネルギー効率から見ても、明らかに石炭は石油に劣ります。また、チャーチルは、石炭が国産燃料であるのに対し石油は輸入が必要であるとの燃料の安定供給面からの燃料転換反対論に配慮して、1914年に、アングロ・ペルシャ石油を国有化しました。

第一次世界大戦

第一次世界大戦は、初めての世界戦争であると同時に、近代戦争として新しい武器が登場しました。戦車、航空機が登場しましたし、兵站面ではトラック輸送が中心となりました。それらの燃料は石油製品であり、近代戦争を遂行するには、石油製品が必要不可欠になりました。同時に、石油の需要拡大や戦略的重要性は、石油資源の獲得競争を激化させました。

国際石油カルテル

大戦後、石油開発が活発化し、米国、ソ連、ペルシャ、ベネズエラ等で新規油田が生産開始、1920年代半ばに供給過剰状態になり、27年には世界的に石油製品の値下げ競争が行われました。

そのため、1928年、ニュージャージー・スタンダード、シェル、アングロ・ペルシャの三社首脳は、英国のアクナキャリー城で米国以外の市場シェアを現状で固定する秘密協定（**現状維持協定**）を結びました。

また、同年、英仏米各国政府の承認の下、トルコ石油参加会社（アングロ・ペルシャ、シェル、フランス石油、ニュージャージー・スタンダード、ソコニー）は、ペルシャ・クウェートを除く旧オスマン・トルコ領内での石油利権の共同所有・共同操業で合意しました。対象地域を地図上に赤線で囲んだことから、**赤線協定**と呼ばれます。こうしたオイル・メジャーズによる**国際カルテル**は、第一次石油危機まで続きます。

写真でみる石油の歴史②

（左上）第一次世界大戦時の戦車
（右上）T型フォード
（左下）チャーチル首相
（右下）ライト兄弟、初の有人動力飛行

4 第二次世界大戦

戦略的物資としての性格を持った石油について、第二次世界大戦前後の動きと我が国の状況を見てみましょう。

持てる国・持たざる国

第二次世界大戦後、オイル・メジャーズによる国際石油市場の共同管理が進みましたが、同時に、石油の戦略的重要性の認識に基づいて、主要国政府は自国石油会社をバックアップするかたちで、石油資源へのアクセス確保を図りました。第二次世界大戦が近づく中、後に戦勝国となる「連合国」は、米ソは自国内に、英仏は旧トルコ領の中東に石油へのアクセスを確保できましたが、敗戦国となる「枢軸国」は、日独伊3カ国とも石油資源へのアクセスはありませんでした。その意味で、第二次世界大戦は、石油を「持てる国」と「持たざる国」の闘いであり、戦う前から結果は見えていたともいえます。

太平洋戦争開戦

1939年9月、欧州で第二次世界大戦が始まりました。日本は、ドイツ、イタリアと翌年9月三国同盟を結びましたが、1941年7月、日本のフランス領インドシナ(ベトナム)侵攻を契機に、米国は日本に対して同年8月、石油の輸出を禁止、英国も、オランダも追随しました。1937年から戦争状態に入っていた中国を含めて、「ABCD包囲網」といわれました。結局、石油が禁輸されたので、わが国の社会経済が立ち行かなくなるということで、「無謀」な太平洋戦争に突入したといえるでしょう。

太平洋戦争開戦の2カ月前の内閣企画院の石油需給予測によると、開戦1年目は、民間内需140万K

Lと軍事需要380万KLで、これに対して、国産原油25万KL、備蓄840万のうち435万KLの取り崩し、さらに、満州で研究開発中の石炭液化「人造石油」30万KLと占領予定のオランダ領東インド（インドネシア）の「蘭印石油」30万KLで賄う。そして、2年目以降は、蘭印石油を増産するというものでした。そのため、日本軍は、開戦のハワイ真珠湾奇襲（1941年12月8日）とほぼ同時に蘭印に進駐しています。当初、油田地帯や製油所設備を占領し、順調に石油確保できていましたが、徐々に、南シナ海の制海権を失い、南方からの石油輸送は困難になってゆきました。なお、敗戦への転換点となったといわれるミッドウェイ海戦（1942年6月）の石油消費量は約100万KLだったといわれています。やはり、負けるべくして負けた戦争であったのでしょう。

ドイツの場合

ナチスドイツによる3B政策（ベルリン・ビザンチン・バグダッドを結ぶ構想）も、ロンメル将軍の北アフリカ戦線も、石油へのアクセスを求めるものでした。

写真でみる石油の歴史③

▲ミッドウェイ海戦の米空母

▲蘭印作戦でジャワ島に上陸する日本軍

5 中東の油田開発

第二次世界大戦前後、中東各地で新たな油田が発見されました。サウジの状況を中心に、その状況を見てみましょう。

中東の油田

中東における油田の発見は、米国、ロシア、インドネシア等と比較すると遅れました。中東最初の油田発見は1908年のイラン（ペルシャ）であり、1927年のイラク、1933年のバーレーン、1938年のサウジアラビア、クウェート、1962年のアラブ首長国連邦（UAE）と続きました。当初、イラン、イラクには地表面に油徴があり油田の存在が期待されましたが、アラビア半島には油徴はなく油田は存在しないと考えられていたのです。このように、発見が早かったイランを除いて、中東産油国の石油開発は、第二次世界大戦前後から本格化することになりました。

米サ同盟関係

サウジアラビア王国は1932年建国の翌年3月、英国への不信感から、米国のカリフォルニア・スタンダード石油に採掘権を与えました。その後テキサス社も参加、1938年3月に同国東部ダンマンにおいて初めての石油掘削に成功し、翌年4月からラスタヌラ港より出荷が開始されました。1944年には、**アラムコ**（Arabian American Oil Company）と改称され、さらに、1948年にニュージャージースタダード石油とソコニーが参加し、アラムコは米系メジャーズ4社による操業体制となりました。

また、ルーズベルト米大統領は、1945年2月、戦後の世界秩序を話し合ったヤルタ会談の帰途、スエズ運河グレートビター湖停泊中の米巡洋艦クインシー号艦上で、サウジのアブドラアジズ（イブンサウド）初代国王と会談しました。その際、両国は、米系メジャーズによる米友好国への石油の安定供給とサウジアラビアの安全保障を相互保証することで合意されたといわれています。この両国戦略的同盟関係は、数々の変容を遂げながらも基本的には今日まで続いています。

巨大油田の発見と日欧の戦後復興

第二次世界大戦後も、1946年のクウェート・ブルガン油田、1951年のサウジ・ガワール油田など、中東では巨大油田が相次いで生産が開始され、世界の石油市場は供給過剰懸念が高まりました。しかし、同時に、敗戦国を含めて、日欧では戦後の経済復興のため、石油需要が急増する方向にありました。そのため、中東の石油は、欧州・日本向けに出荷することで、米国市場への影響を押えられたのです。わが国の戦後復興、経済成長も、潤沢な中東原油に支えられた結果であるといえるでしょう。

世界の主要油田（埋蔵量順）

	油田名	発見年	国名	可採埋蔵量（百万バレル）
1	ガワール　Ghawar	1948	サウジアラビア	66,058
2	ブルガン　Greater Burugan	1938	クウェート	59,000
3	ズアータ　Zuata Principal	1938	ベネズエラ	38,318
4	ルマイラ　Rumaila North & South	1953	イラク	24,000
5	サファニア　Safaniya	1951	サウジアラビア	21,145
6	ガシュラン　Gachsaran	1928	イラン	19,000
7	東バグダッド　Bast Baghdad	1976	イラク	18,000
8	アカール　Akal（Cantarell）	1977	メキシコ	17,485
9	マニファ　Manifa	1957	サウジアラビア	16,820
10	ザクム　Zakum	1964	アブダビ	16,702

出所：石油鉱業連盟

6 石油輸出国機構（OPEC）の誕生

第二次世界大戦後の石油市場の主役は、長らくオイル・メジャーズでしたが、70年代に入ると、資源ナショナリズムを背景に、ＯＰＥＣの勢力拡大により、メジャーの力にも陰りが見え始めました。

メジャーズによる需給調整

第二次世界大戦後、復興による石油需要増加と中東原油の供給増加が続く中、メジャーズは、上流から下流までの一貫操業（**垂直統合**）による需給把握と国際カルテル（**水平統合**）による需給調整で、巧みに対応しました。１９６０年頃、メジャーズの世界市場シェアは、原油生産で約60％、製油所能力で約40％といわれました。しかし、シェアは、徐々に、新規参入の独立系石油会社に侵食され、市場支配は緩み、供給過剰状態となり、原油の実勢価格は軟調に推移しました。

利益折半方式

当初、メジャーズは、50年から80年の超長期の産油国との利権操業契約に基づき、バレル当たり数十セントの利権料だけで、1ドル後半の価格で販売できました。この仕組みに対する産油国側の不満が表面化、１９５０年前後より、ベネズエラやサウジ等の産油国から徐々に石油会社側と産油国の側で利益を折半する形で、石油収入を分かちあう**利益折半方式**に移行しました。１９５０年代には、原油実勢価格は公示価格を下回ることが常態化し、公示価格の引き下げで産油国の石油収入は減少し、その不満は拡大しました。

ＯＰＥＣの創設と成果

こうした状況の中、メジャーズによる原油公示価格の引き下げを阻止、包括的な利権操業を見直し、産油国の資源主権を回復するため、１９６０年9月、イラン、イラク、クウェート、サウジ、ベネズエラの5カ国は、**石油輸出国機構（OPEC）**を設立しました。しかし、60年代のメジャーズの実力は絶大で当初のOPECは、目立った実績は見られませんでした。

産油国側の主張が実現したのは、原油需給のタイト化、リビアの利権契約改訂の成功などを背景に、湾岸産油6カ国が、メジャーズと団体交渉を行い、1971年2月、①所得税率55％への引き上げ、②公示価格の引き上げ（Arabian Light：1・80＄／B→2・18＄／B）等を内容とする**テヘラン協定**を決めてからでした。従来メジャーズが一方的に決めた公示価格を交渉で改訂させたことが画期的でした。石油危機直前には、原油公示価格は3・011＄／Bまで引き上げられました。

他方、資源ナショナリズムの考え方に基づく、メジャーズの操業会社に対する産油国の事業参加問題についても、1972年12月、サウジ等湾岸4カ国は、リヤド協定により、簿価の補償と原油買い戻し（Buy Back）を条件に、事業参加割合を増やし、1982年までに51％とするなど、着実に成果を上げていきました。

OPEC加盟国

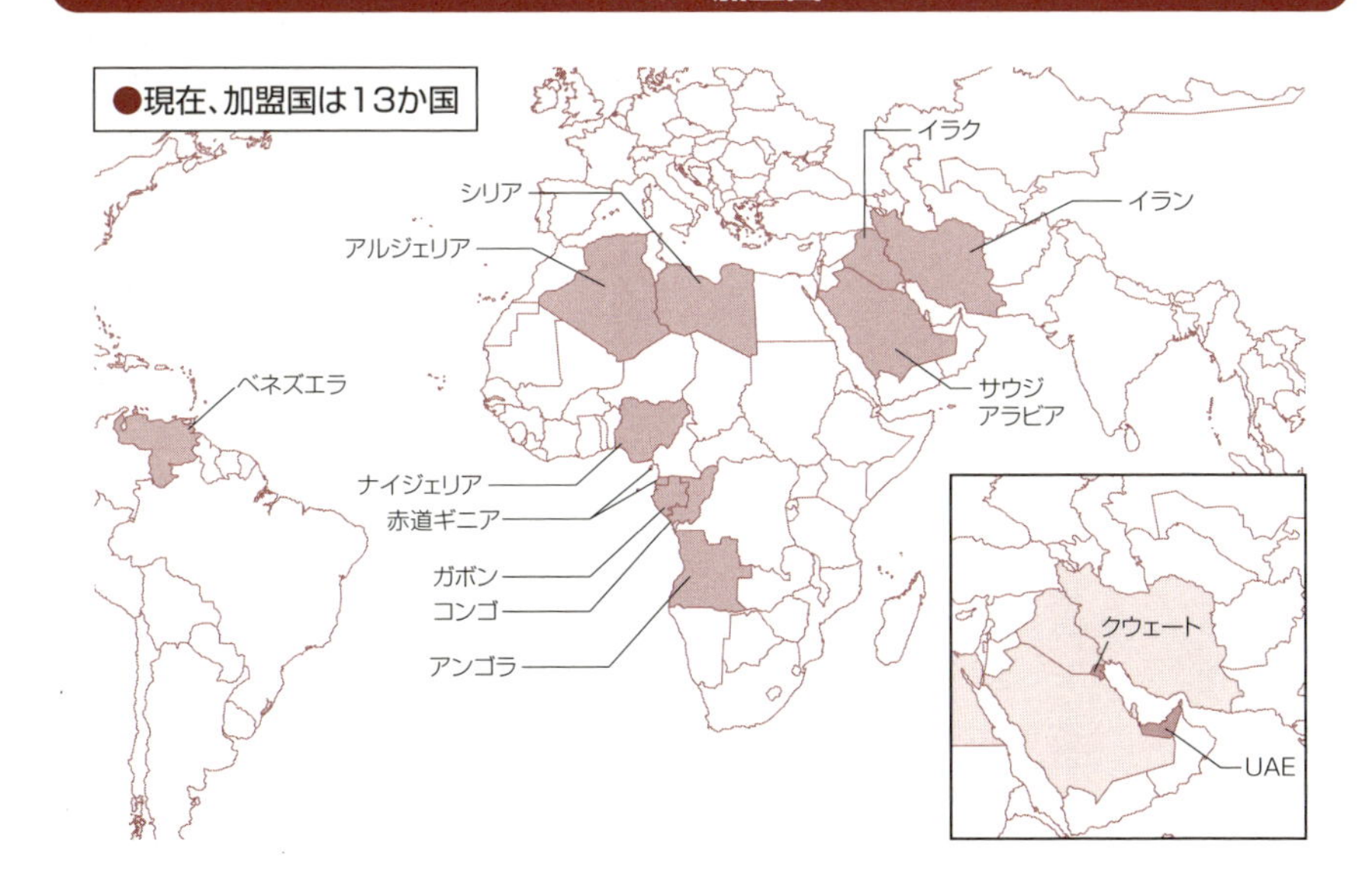

7

第一次石油危機

OPECの伸長、オイルメジャーの退潮が見え始めた70年代初め、国際石油市場の構造を一変させる出来事が起こりました、第一次石油危機です。その背景と状況を説明します。

パレスチナ問題

ユダヤ人は、第一次世界大戦の頃には、パレスチナ帰還（シオニズム）運動が高まり、オスマン・トルコの崩壊もあって、故地へのユダヤ民族国家建国の期待が高まりましたが、英仏を中心とする列強の「二枚舌外交」によって、実現しませんでした。しかし、ドイツによるユダヤ人迫害を経験した第二次世界大戦後には、国連決議として、ユダヤ民族国家としてのイスラエルの建国が認められました（1948年5月）。しかし、同時に、パレスチナ人（アラブ民族）は故郷を追われました。また、国連決議では、古都エルサレムは国際管理される予定でしたが、度重なる中東戦争で、イスラエルは入植地を拡大すると共に、エルサレムを実効支配しました。戦後は、アラブ民族主義の高揚もあって、イスラエルと周辺アラブ諸国の対立が続きました。

石油戦略の発動

そうした中、**第四次中東戦争**（1973年10月）が勃発し、これを契機とした、**第一次石油危機**は、わが国を含む先進石油消費国に大きな衝撃を与えました。**アラブ石油輸出国機構**（**OAPEC**）は、イスラエルと交戦するエジプト・シリアを支援するため、イスラエル友好国に対する石油の段階的供給削減・禁輸措置を通告したのです。いわゆる**石油戦略**の発動です。

結果的に、わが国では、対パレスチナ政策の転換（官房長官談話、1973年11月）によって、現実の供給途絶・削減には至りませんでしたが、その過程で、石油の供給途絶の懸念から、給油所には長蛇の列ができ、トイレットペーパー等物資の不足や物価の高騰など経済に大きな混乱を招きました。当時、わが国の一次エネルギー占める石油の割合は77％、電源構成に占める石油の割合は73％でした。

国際的には、原油の公式販売価格の引き上げが相次ぎ、基準原油価格（アラビアンライト）はバレル当り3ドルから12ドルへと約4倍に上昇しました。

第一次石油危機の評価

確かに、ＯＡＰＥＣの石油戦略は、反イスラエル、パレスチナの不法占拠反対という「アラブの大義」を前面に掲げた政治闘争でしたが、同時に、アラブ産油国の結束は、原油公示価格の引き上げの実現、さらには、「天然資源に対する恒久主権」（１９６２年、国連決議）の回復を進めるための経済闘争の一環でもありました。

その結果、各産油国は、原油価格の引き上げのみならず、石油資源に対する主権の回復を概ね達成しました。同時に、先進消費国は一斉に**脱石油政策**に舵を切ることとなりました。

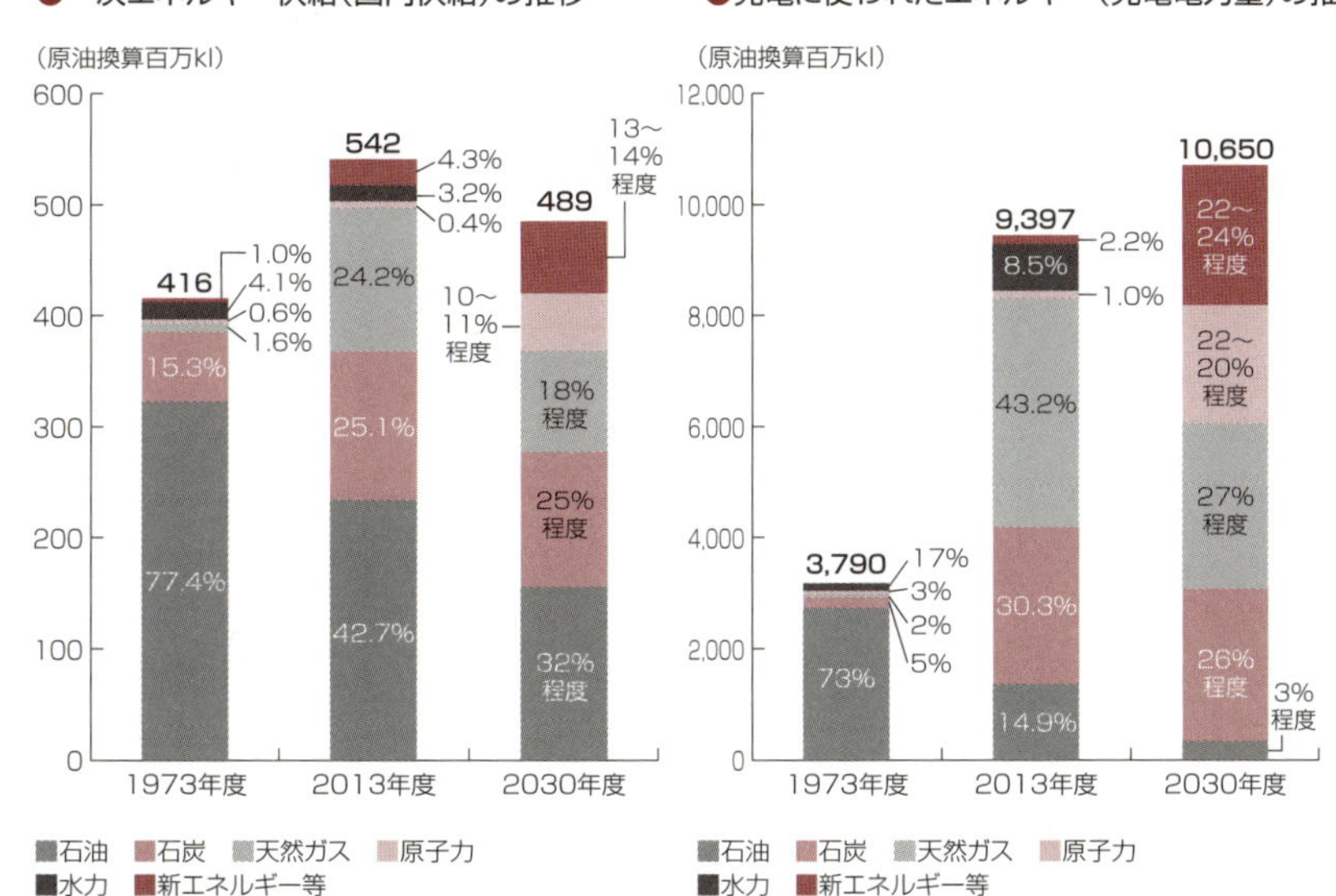

（出所）資源エネルギー庁、電気事業連合会
※石油にはLPガスを含む
※2030年度の数値は「長期エネルギー需給見通し」（資源エネルギー庁）より、「新エネルギー等」には「水力」を含む

8

第二次石油危機

第一次石油危機後、原油価格は高止まりを続けましたが、価格水準をさらに押し上げる事態が発生しました。イラン革命を契機とする第二次石油危機の発生です。

シーア派宗教革命

イスラム教では、経典「コーラン」が宗教規範であり、社会規範・生活規範でもあるため、社会生活への宗教指導者の影響力が大きいです。イラン革命は、イスラム法学者中心の政教一致の国家を実現しました。

また、シーア派はイスラム教の少数派（信者約2割）で、主流派であるスンナ派（信者約8割）と大きな教義上の対立はないものの、預言者ムハンマドの後継者（最高指導者、カリフ）の資格として預言者の血統を重んじる考え方です。産油地帯が集中するアラビア（ペルシャ）湾の沿岸地方は、支配層のスンナ派より、むしろ少数派のシーア派住民の人口の方が多いのです。そのため、ペルシャ湾は「シーア派の海」といわれています。

イラン革命

第二次石油危機は、豊かな石油収入を背景に急激な近代化と権力の集中を図るイランのパーレビ国王に対する、ホメイニ師を指導者としたイスラム教シーア派による王政打倒の宗教革命（1979年2月）を契機としています。当初は労働者・学生が王政反対の中心でしたが、最終的には、シーア派宗教勢力が、国王を追放、権力を掌握しました。

1978年秋からの石油労働者のストライキ等イラン国内の混乱から、一時的に日量約600万バレルの原油が出荷停止となり、供給削減の事態が続き、原油スポット価格は約12ドルから約40ドルの水準まで上昇しました。

イラン・イラク戦争

イラン革命による国内不安定をチャンスと見たイラクのサダムフセイン大統領は、領土的野心に基づいて、シャトルアルアラブ川をめぐる両国の国境紛争を口実に、**イラン・イラク戦争**（１９８０年９月〜１９８８年８月）を起こしました。これは同時に、イランによるシーア派革命の「輸出」（伝播）を恐れるサウジ等湾岸王政諸国が、財政支援を行い、スンナ派政権のフセイン大統領にシーア派伸長を抑えてもらう戦争でもありました。

ただ、フセイン大統領が、国内的不満を国外に向けさせた側面があります。人口的にはイラク中部出身でフセイン大統領一派のスンナ派アラブ民族はむしろ少数派であり、主要な油田は、多数派であるシーア派の多い南部バスラ周辺とクルド民族の居住地である北部キルクーク周辺にあります。

当初、戦争は、イラク優勢でしたが、イランも盛り返し、戦況は一進一退を続けました。戦争終盤には、イランによるタンカー攻撃も多発し、原油輸送への懸念が高まり、米軍によるエスコート航行も行われました。

写真で見る石油の歴史④

●第1次石油危機
・第3次中東戦争で石油戦略を発動
・石油禁輸を通告
・原油価格は4倍に
・狂乱物価」
・トイレットペーパー騒動

◀イスラエル軍

●第2次石油危機
・イラン革命で石油輸出停止
・原油価格は3倍に
・電力・産業の「石油離れ」顕著
・タンカー攻撃

◀イランのホメイニ師

9 逆オイルショック

二度の石油危機があった70年代石油需給は比較的堅調(タイト)に推移しましたが、一転、80年代需給は緩和(グラット)で推移しました。固定価格から変動価格へ80年代の国際石油市場を振り返ります。

スイングプロデューサー

第二次石油危機後も、OPECは原油価格の引き上げを続けましたが、先進消費国は、燃料転換や省エネ等を本格化させ、価格上昇に伴う消費減退も目立ってきました。さらに、原油価格上昇で、新規油田開発が促進され、北海やアラスカ、メキシコ等の原油生産が本格化しました。国際石油市場は70年代の需給ひっ迫から一転、80年代には需給緩和に陥りました。

メジャーズは、一貫操業で需要を確実に把握し、原油の需給調整を的確に実施しましたが、OPEC各国は、原油販売だけで、需給調整を的確に実施できませんでした。石油市場は上流と下流に分断されたのです。

1982年3月、初めてOPECは翌年には、各国に生産枠を設定、生産調整を開始、**原油公式販売価格**を引き下げました。サウジは、需給を見ながら機動的に減産する**スイングプロデューサー**(生産調整役)を担いました。そのため、サウジは、基準原油価格を高めに維持、一国で減産を引き受けました。

原油先物市場の登場

80年代初めは、過剰生産原油がスポット市場に大量に流入しました。その価格のリスクヘッジのため、1983年3月にはニューヨークのマーカンタイル商品取引所が、11月にはロンドンのインターコンチネンタル取引所が、**原油先物取引**を開始しました。原油のプライスリーダーは、OPEC公式販売価格から先物価格に変わったのです。

ネットバック価格とフォーミュラ価格

サウジは、減産を続けた結果、イラン革命当時の1000万BD超から1985年夏には100万BDを切る水準まで低下、海水淡水化工場や発電所等インフラ維持にも支障を来たしました。サウジは減産に耐えられず、シェアを回復するとして、スイングプロデューサーを放棄、10月には原油固定価格（公式販売価格）を廃止、石油製品の末端価格を合成して算出する理論的な原油価値を原油価格とする**ネットバック価格方式**を採用、販売攻勢をかけ、増産しました。12月のOPEC総会でも、各国の自由生産で合意、20ドル台の原油価格は、1986年夏に10ドル割れを記録します。

その後、86年12月のOPEC総会では、原油固定価格（18ドル）制と生産協定への復帰を決め、87年前半の原油市場は堅調に推移しましたが、生産協定への違反増産国が続出したため、88年サウジは、再び原油固定価格を放棄、今度は市場価格に連動した**フォーミュラ価格方式**による原油販売を開始、増産し、再び10ドル割れを招き、OPEC加盟国の結束を回復したのです。

原油価格の暴落（1980年代と2010年代）

	1980年代	2010年代
状況	85年12月27ドル➡86年7月12ドル➡87年7月21ドル（一時回復）➡88年10月14ドル（WTI先物月間平均）二段階の価格低迷	14年6月105ドル➡15年1月47ドル➡16年2月30ドル割れ➡18年10月76ドル➡20年3月20ドル（WTI先物月間平均）二段階の低迷？
背景	原油価格の高止まり ⬇ 需給緩和の拡大 ・北海・アラスカ等新規生産 ・先進国の省エネ・燃料転換 【第一段階】 サウジ単独減産(Swing)の行き詰まり 【第二段階】 価格回復に伴うOPEC加盟国の違反増産の横行	原油価格の高止まり ⬇ 需給緩和の拡大 ・シェールオイル増産 ・新興国経済の減速 ・新型ウィルス感染拡大に伴う経済停滞（2020年以降） 【第一段階】 OPEC減産（Call on OPEC)の行き詰まり 【第二段階】 OPECプラス協調減産（サ露協調）の行き詰まり
契機	サウジの需給調整放棄 ・85年10月サウジのネットバック方式採用 ・85年12月OPECシェア確保決議 ・87年の固定価格復帰、価格回復 ・87年サウジのフォーミュラ価格全面採用	サウジの需給調整放棄 ・14年10月サウジの調整金値下げ ・14年11月OPEC減産見送り・シェア戦略 ・17年1月～20年3月OPECプラスの協調減産 ・20年3月OPECプラスの協議決裂

10 湾岸危機・戦争

国際石油市場の構造変化の中、ＯＰＥＣは需給調整機能を立て直しましたが、90年代から2000年代初めにかけては、イラクが、台風の目になりました。

ＯＰＥＣ生産協定の復活

サウジが始めたフォーミュラ価格方式は、主要産油国に広がり、ＯＰＥＣによる原油価格維持は、需給調整（生産協定）を通じて行うこととなりました。またサウジのスイングプロデューサー放棄で、ＯＰＥＣは、世界の石油需要から非ＯＰＥＣ生産を控除したＯＰＥＣ需要（Call on OPEC）を計算し、これを生産上限として、各国に生産枠を割り当てることで、ＯＰＥＣ全体で需給調整を図ることになりました。石油の宿命として、需給調整機能を欠く石油市場は供給過剰と価格不安定を招きます。１９８８年11月のＯＰＥＣ総会では、フォーミュラ価格を前提に、生産協定をまとめました。

湾岸危機

１９９０年8月2日、イラクは突如クウェートに軍事侵攻、一日で全土を掌握しました。これも、フセイン大統領の領土的野心に基づく紛争で、クウェート併合後の「大イラク」は埋蔵量・生産量ともサウジに匹敵する石油大国になり得ることから、サウジに対する挑戦でもありました。同時に国内の経済的行き詰まりや国民の不満解消を狙ったものでした。

この事態に、8月6日、国連ではイラク・クウェートに対する経済制裁を決定、国際石油市場からは両国の石油生産約３６０万ＢＤが喪失しましたが、サウジやアラブ首長国連邦（ＵＡＥ）等の緊急増産により、大きな混乱なく対応されました。同日、サウジ政府は、米国等の多国籍軍のサウジへの受け入れを決定しました。緊張の高まりで、20ドルを切る水準の原油価格は、90年秋には30ドル台半ばまで上昇しました。

湾岸戦争

90年12月の国連決議に基づくイラクに対する多国籍軍による軍事行動（1991年1月〜3月）により、クウェートは解放されましたが、多国籍軍がイラク領土を占領せず、フセイン政権を残したのは、イラクの国内分裂、あるいは、南部シーア派住民へのイランの影響力拡大を懸念した関係国の配慮がありました。また、1991年1月17日の**湾岸戦争**開戦にあたっては、国際エネルギー機関（IEA）は備蓄放出等による国際協調措置を発動し、約250万BD相当の石油の追加供給を行いました。この日、WTI原油先物価格は32ドルから20ドルに下落しました。開戦によって先行き不透明さが解消され、不確実性（リスク）が低減されたからでしょう。湾岸危機・戦争では、産消双方の努力で、危機的状況は回避されたのです。

過去の石油危機時の状況

	第一次石油危機	第二次石油危機	湾岸危機・戦争
時期	1973.10-1979.8	1978.10-1982.4	1990.8-1991.2
経緯	第4次中東戦争で OAPECが石油戦略発動	イラン革命で原油輸出停止、タンカー攻撃発生	イラクのクウェート侵攻、経済制裁、戦争へ
原油価格($/B)	3.0（73.10）⇒ 11.6（74.1）	12.8（78.9）⇒ 42.8（80.11）	17.1（90.7）⇒ 37.0（90.9）
ガソリン価格(¥/L)	114（75.5）	177（82.12）	142（90.11）
原油輸入量(百万KL)	289（73年度）	277（79年度	238（90年度）
一次エネの石油(%)	77.4（73年度）	71.5（79年度）	58.3（90年度）
原油の中東依存(%)	77.5（73年度）	75.9（79年度）	71.5（90年度）
備蓄水準(日数)	67（民67＋国0、73.10）	92（民85＋国7、78.12）	142（民88＋国54、90.12）
政府の対応	主に行政指導 緊急時2法・備蓄法制定	民間備蓄義務量の軽減 省エネ法・代エネ法制定	民間備蓄義務量の軽減 国内生産へのシフト

出所：エネルギー統計等より著者作成

メジャー再編と原油価格高騰

湾岸戦争後、国際石油市場は、OPECの需給調整により、20ドル弱の水準で安定的に推移しました。90年代終わりには、アジア通貨危機を契機とする原油価格低迷とメジャー石油会社の再編があり、2000年代には、新興国の成長を背景に、原油の金融商品化によって、原油価格は高騰しました。

アジア通貨危機

１９９７年５月のタイ・バーツ暴落を契機に同年秋には**アジア通貨危機**が発生、世界経済が減速する中、ＯＰＥＣは12月には増産を決定し、原油価格は、１９９８年３月には10ドル台割れまで暴落しました。そのため、ＯＰＥＣは、初めてロシア等の非加盟国にも減産を呼びかけると共に、目標価格帯25～28ドルを設定し、原油価格の回復に努めました。通貨危機は、１９９８年９月には、ロシアに飛び火、原油価格の低迷もあって、デフォルト（支払停止）寸前まで行き、エリティン大統領が退陣しました。

メジャー再編

原油価格の低迷は、石油会社の企業価値を低下し、買収・合併が容易になり、メジャーズの再編を引き起こしました。１９９９年11月には**エクソンモービル**が誕生、２００１年10月にはシェブロンがテキサコを買収するなど、巨大石油企業の再編が相次ぎました。その結果7大メジャズは、エクソンモービル、シェブロン、シェル、ＢＰ、トタールの**スーパーメジャー**5社に集約されました。

原油価格の高騰

アジア通貨危機から立ち直った世界経済は、２００

0年代**BRICS**（ブラジル、ロシア、インド、中国、南アフリカ）を中心とする新興国に牽引され、急成長を遂げ、石油需要も大きく増加、需給はひっ迫気味になりました。例えば、2000年から2010年の石油需要は、中国が470万BDから710万BD、インドが230万BDから320万BDでした。

また、この頃、世界的な過剰流動性（金余り現象）を背景に、石油先物市場にも、各種機関投資家等が参入、取引残高が激増しました。そのような状況の中で、材料視されたのが、地政学リスクと**ピークオイル論**であした。資源制約を前提に、近い将来供給制約が始まるとするピークオイル論は、先物市場の原油価格上昇に拍車をかけました。需給要因・地政学要因・金融要因と3つの上げ要因によって、2000年代のWTI先物価格は、2000年代初頭の10ドル台後半から、ほぼ一貫して上昇を続け、2008年7月には147ドルの史上最高値を記録しました。

しかし、高値警戒感とその後のリーマンショックで、年末には40ドルの水準まで暴落しました。

中東における紛争例（1973年以降）

第一次石油危機（1973年10月）	第四次中東戦争：アラブ 対 ユダヤ（イスラエル）
第二次石油危機（1979年2月）	イラン革命：シーア派 対 王政
イラン・イラク戦争（1980年9月〜88年8月）	国境紛争：シーア 対 スンニ（宗教対立）、ペルシャ 対 アラブ（民族対立）
湾岸危機・湾岸戦争（1990年8月〜91年3月）	イラク（フセイン政権）によるクウェート侵攻（侵略）
同時多発テロ（2001年9月11日）	アルカイダ（イスラム原理主義・スンニ派）の犯行
イラク戦争（2003年3月）	フセイン政権（スンニ派）打倒、「民主化」？？？ 選挙→シーア派政権成立、イランの友好国化
アラブの春（2011年初め）	長期独裁政権の退陣、湾岸産油国への波及なし　1月 チュニジア　2月 エジプト　3月 リビア　3月 シリア内戦：シーア（アラウィ）派政権 対 スンニ反体制派
イラク内戦（2014年6月）	マリキ政権（シーア派）対 ISIS（スンニ過激派「イスラム国」）さらにクルド人が北部油田を制圧、三つ巴の状況

地政学リスクの時代

2000年代の原油価格上昇要因としては、新興国の経済成長や原油の金融商品化が指摘できますが、地政学リスクが脚光を浴びました。

9・11同時多発テロ

2001年9月11日、イスラム教スンナ派原理主義組織**アルカイダ**は、同時多発テロ*を起こしました。アルカイダは、アフガニスタン紛争(1978年~1989年)におけるソ連の介入に対抗したアフガンゲリラを支援するためのサウジやエジプト等の義勇兵を中心とする組織であり、米国も積極的に支援していました。しかし、ソ連の撤退後、湾岸戦争時のイスラム教聖地を擁するサウジへの米国等異教徒の駐留に反発し、米国への攻撃を繰り返していました。

イラク戦争

その後、米国は、大量破壊兵器の開発・保有、テロ支援を理由として、**イラク戦争**(2003年3月)でフセイン政権を崩壊させました。しかし米国のネオコンが主導した「民主選挙」によって、イラクには、シーア派独裁政権が誕生し、イランとイラクの間には友好関係が成立、湾岸地域の国際関係を一変させました。米軍は、2003年12月サダムフセインを逮捕し、2006年12月処刑します。また、イラク新政権は、フセイン政権のバース党関係者を排除したため、多数の軍人や官僚がイスラム国(IS)に合流、イラク各地には、ISの領域が出現しました。

地政学リスク

2002年10月、米国連邦準備制度理事会(FRB)は、中東地域の政治的・軍事的緊張を表現して、**地政学**

***9.11同時多発テロ** イスラム教原理主義組織「アルカイダ」(基地・拠点の意味)が民間航空機をハイジャックし、ニューヨークの貿易センタービルやワシントンのペンタゴンなどに激突させた。

***アラブの春** 2010~2012年に起きたアラブ諸国の大規模な反政府デモ。独裁政権の打倒と民主化を目的としていた。

（的）**リスク**と言う用語を初めて用いました。地政学とは、一般に地理的条件がある国・地域の政治的・経済的・軍事的状況に与える影響について研究する学問であり、地政学リスクとは、地政学に係わる緊張・不確実性を指します。

地政学リスクは、FRB報告で使用後、一般的に使用されるようになり、原油価格に影響を与える要因とされるようになりました。

アラブの春

原油価格を再び100ドル前後の水準まで再び押し上げたのは、**アラブの春**＊の緊張でした。2010年末から2011年春にかけて、北アフリカ・中東一帯に「アラブの春」の嵐が吹き荒れ、チュニジア、リビア、エジプトで政権交代、リビア・シリアでは内戦に発展しました。2011年3月のバハレーンのシーア派民衆蜂起はサウジ等の湾岸協力機構（GCC）軍が鎮圧し、湾岸王政産油国への直接的波及は避けられました。

中東をめぐる地政学的リスク（2020年3月）

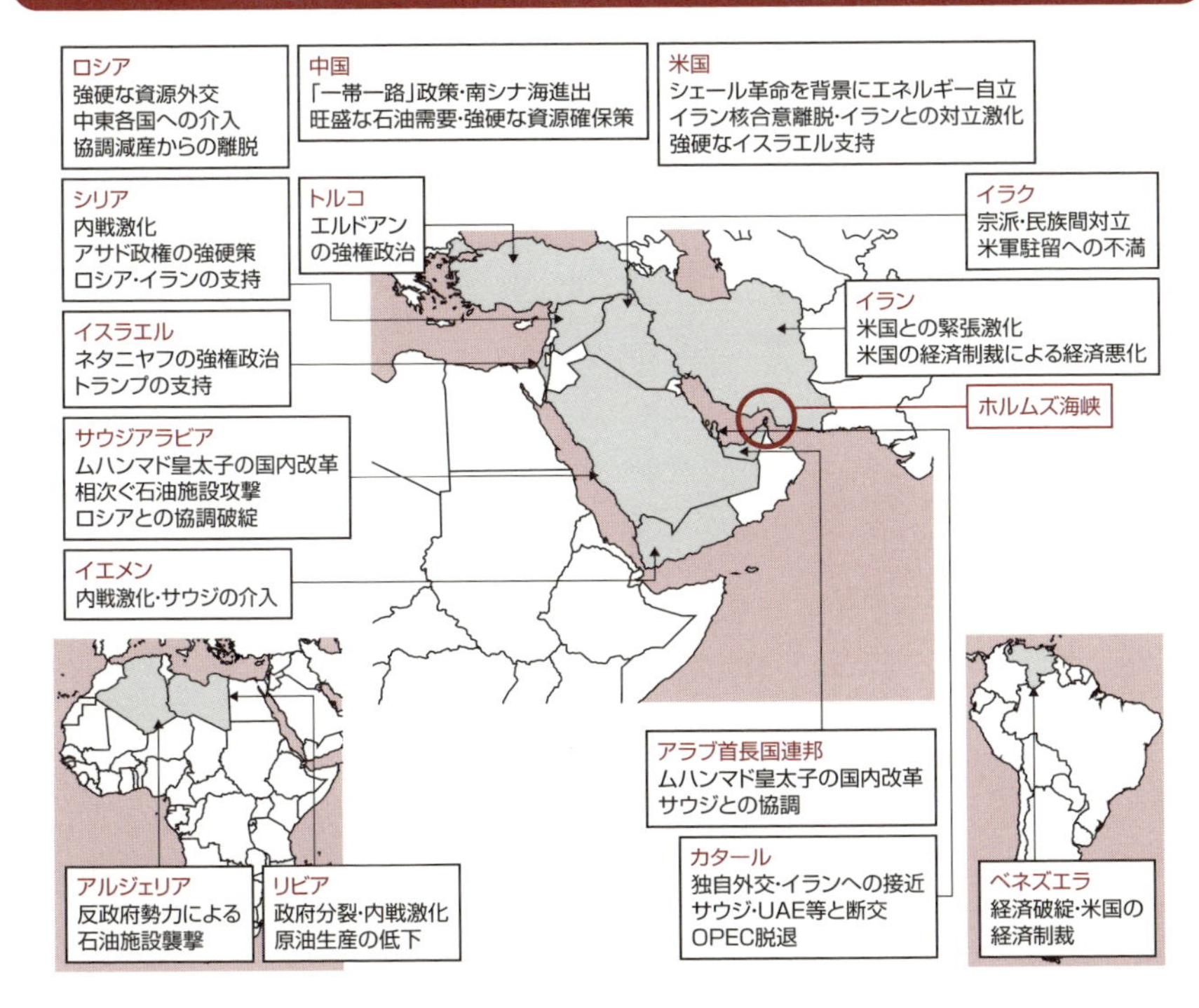

13 シェール革命

原油価格が高騰する中、革命的な技術革新が進行しました。「シェール革命」は、米国を世界最大の産油国にし、世界のエネルギーの供給構造・国際関係を大きく変えました。

シェールガスとシェールオイル

シェールガス・オイルとは、通常の天然ガスや原油より深い地下2～4000メートル程度の硬い頁岩（シェール）層から、水平方向への水平掘削技術や硬くて緻密な地層を水圧で砕いてゆく水圧破砕技術を用いて生産される、非在来型の天然ガス・原油です。頁岩は、中生代前後に油ガスのもとになる生物が堆積した典型的な石油根源岩です。その意味では、シェールガス・オイルは、石油貯留岩に移動・集積されることなく、根源岩に封じ込まれたまま残留した油ガスを水とともに回収するものです。従来から存在は知られていましたが、コスト的・技術的制約から回収できませんでした。しかし、2000年代の原油価格高騰と技術革新によって商業生産が可能になった経緯があります。

当初、シェールガスの生産が先行していましたが、①増産で米国内価格が暴落したこと（原油価格は国際価格）、②シェールガスはガス・パイプラインが必要になること（石油は貨車輸送も可能）、から、シェールオイルに徐々に移行されていくことになりました。

シェールの特徴

特徴として、①堆積盆地で一定の頁岩層の集積があれば生産可能で、探鉱リスクが低いこと、②中東への資源の偏在がなく、エネルギー安全保障が向上すること、などが挙げられます。他方、③水圧破砕のためには大量の水が必要で、かつ破砕後の汚染水の適切な処理が必要です。そのため、地下水汚染が懸念されるとして、英仏等一部の欧州諸国、カリフォルニア州やニューヨーク州等では、水圧破砕法は禁止されています。

シェール革命によって、米国は、この10年間で石油生産は倍増、2014年、世界最大の産油国・産ガス国となり（BP統計・IEA統計による、コンデンセート・NGL含む）、2019年末には、石油の純輸出国になりました。米国はエネルギーの自立化を達成できたことになります。そして、米国の石油増産は、国際石油市場の需給緩和を招き、2014年夏までは100ドル前後の水準で推移していた原油価格は下落し、2015年春には、40ドル近くまで低下しました。

OPECのプラスの登場

原油価格の低下を見たOPECは、当初、生産コストの高いシェールオイルに増産で対抗しましたが、方針を転換、ロシア、メキシコ等非加盟10カ国に、協調減産を呼びかけ、2017年から減産を実施しました。OPECは、主要な非加盟国と共に**OPECプラス**として、シェール革命による国際石油市場の構造変化に対応し需給調整を再開したのです（20年3月決裂）。

在来型石油の生産とシェールオイルの生産

●シェールオイル・シェールガス掘削の仕組み

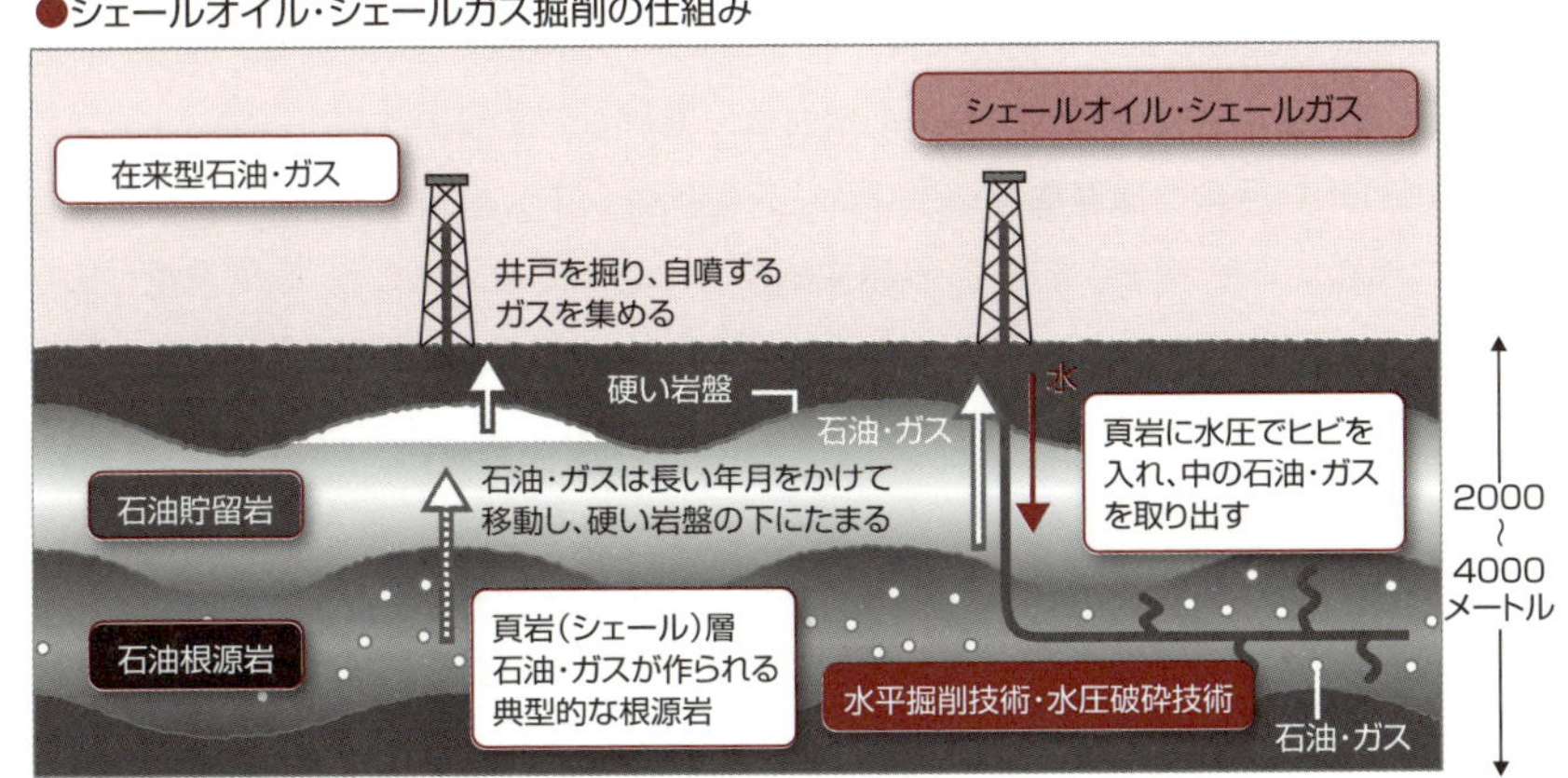

出所：石油連盟「今日の石油産業」

ソ連を倒した原油価格暴落

「ソビエト連邦とコメコン体制を崩壊させ、戦後の東西冷戦を終結させせた最大の要因は、1980年代後半の原油価格暴落である」と、筆者は思っています。

ソ連時代も、現代も、ロシアの主な外貨獲得手段は、石油・天然ガス・石炭の輸出です。おそらく、財政収入の多くも、それらの輸出代金でしょう。1970年代から80年代前半、原油価格は、30ドル台で推移、時期によっては40ドル台に達していましたが、サウジの政策転換（スイングプロデューサー放棄・シェア回復政策）により、86年と88年に10ドル割れを経験し、その後も、10ドル台半ばに低迷しました。

他方、ソ連は、80年代を通じて、泥沼のアフガン戦争に介入、戦費負担があった上に、80年代前半には、レーガン大統領の宇宙軍事（スターウォーズ）構想に対抗して軍拡路線を走りました。そんな時期の原油価格暴落でした。1985年、最後の共産党書記長ゴルバチョフがペレストロイカ（再構築）を開始しても、どうにもなりませんでした。

また、東欧（コメコン）諸国とソ連の関係についても、冷戦期を通じて、東欧諸国は、ソ連との間で、工業製品を輸出し、化石燃料を安く輸入するという経済ブロックを形成していました。おそらく、原油価格の暴落で、化石燃料はソ連から輸入するより国際市場から調達した方が安くなったのでしょう。経済面でも、東欧のソ連離れは起こり、やがて、1990年秋のベルリンの壁崩壊に繋がるのでしょう。

1991年12月のソ連崩壊後のエリティン初代ロシア大統領も、97年のアジア通貨危機に起因する原油価格暴落で、債務支払停止寸前まで追い込まれ、政権を投げ出しました。その後を受けたプーチン大統領は、2000年代の原油価格高騰を追い風に国民的人気を得ましたが、シェール革命に伴う2014年以降の原油価格低迷で難しい舵取りを迫られている感があります。おそらく、プーチン大統領は、原油価格維持の政治的重要性をわかっているから、国営石油会社等現場の反対にもかかわらず、サウジと協調し、OPECプラスの協調減産に賛同してきたのでしょう。

筆者は、ソ連の統計が見つからず、この仮説の実証に挫折しました。ただ、外務省OBで作家の佐藤優氏は、産経新聞（2011年2月23日付）への投稿で、ゴルバチョフ氏が同氏にソ連解体の最大の要因は、「サウジアラビアによる原油増産だ（中略）原油価格が国家体制に与える影響の分析ができていなかった」と述べたとしています。

石油の安定供給

第4章では、石油の安定供給の重要性について考えます。

まず、エネルギー安全保障と石油安定供給の意味、阻害要因としての地政学リスク、特にホルムズ海峡の問題を考えます。次に、そうした危機への対応体制を石油備蓄中心に述べ、産油国側の意識変化にも触れたいと思います。最後に、最近の流れとしての災害時の対応についても、考えてみます

この章では、石油資源の中東集中に起因する地政学リスクと産消双方の危機管理体制が大きなポイントになります。

1 エネルギー安全保障

国民生活と産業活動に不可欠な石油、そのため安定供給の確保は極めて重要です。石油の安定供給を考える前提として、エネルギー安全保障の意味と両者の関係を検討します。

エネルギー安全保障と石油安定供給

エネルギーは、国防、食糧とともに、国家の存立にかかわる国家がその確保を保証すべきものです。

国際エネルギー機関（IEA）によれば、「エネルギー安全保障とは、エネルギー源を取得可能な価格で、中断されることなく入手できることである」と定義されています。また、資源エネルギー庁は、エネルギー安全保障の意義として、「国民生活、経済・社会活動、国防等に必要な『量』のエネルギーを、受容可能な『価格』で確保できること」を挙げています。いずれも、「必要とするエネルギーを適正な価格で確保すること」という点で共通しています。

エネルギー安全保障では、特に、石油の安定供給が重視されます。その理由は、①石油の国民経済における重要性、特に輸送用などの非代替的用途が多いこと、②そのため、内外ともにエネルギー・構成でいまだに石油が最大シェアを占めていること、③それにもかかわらず歴史的に二度の石油危機等、供給削減事態が発生したことが指摘されます。

石油資源の中東集中

特に、石油消費国においては、石油の埋蔵量の約半分、生産量の約3分の1が中東に集中していることから、中東における紛争やテロ等の発生のリスクの高さに注目し、調達面における安定供給確保に留意しています。特に、わが国では、原油輸入の90％近くが中東であり、安定供給の必要性が認識されています。

用語解説

＊スンニ派　サウジアラビアを盟主とするイスラム教主流派。世界のイスラム教信者の約8割といわれる。

＊シーア派　イランを盟主とするイスラム教少数派。世界のイスラム教信者の約2割といわれる。教義的には大きな違いはないが、イスラム教指導者について、預言者ムハンマドの血統を重視する。

中東地域は、油田が発見されるはるか以前から、海陸の東西交易の交差点として、戦略上の要衝であり、紛争が絶えることはありませんでした。第二次世界大戦前後から、大規模油田が次々に発見され、戦後は日欧等の一大エネルギー供給地域となりました。その中東では、アラブ（パレスチナ）対ユダヤ（イスラエル）、スンニ派*（サウジ）対シーア派*（イラン）など、種々の対立軸に基づく紛争が多発しており、「地政学（的）リスク」の高い地域として認識されています。

二回の石油危機の教訓

中東での紛争や政変が石油に影響を与えた事例として、二度の石油危機が挙げられます。

1973年10月の第四次中東戦争では、アラブ石油輸出国機構（OAPEC）がイスラエル支援国に対する石油禁輸を通告（**石油戦略の発動**）し、**第一次石油危機**が発生しました。また、1978年秋のストライキに始まるイラン革命では、シーア派政権成立に伴う混乱と79年末からのイラン・イラク戦争によって、**第二次石油危機**が発生しました。

わが国の主要原油輸入先

●わが国の国別原油輸入（2018年度）

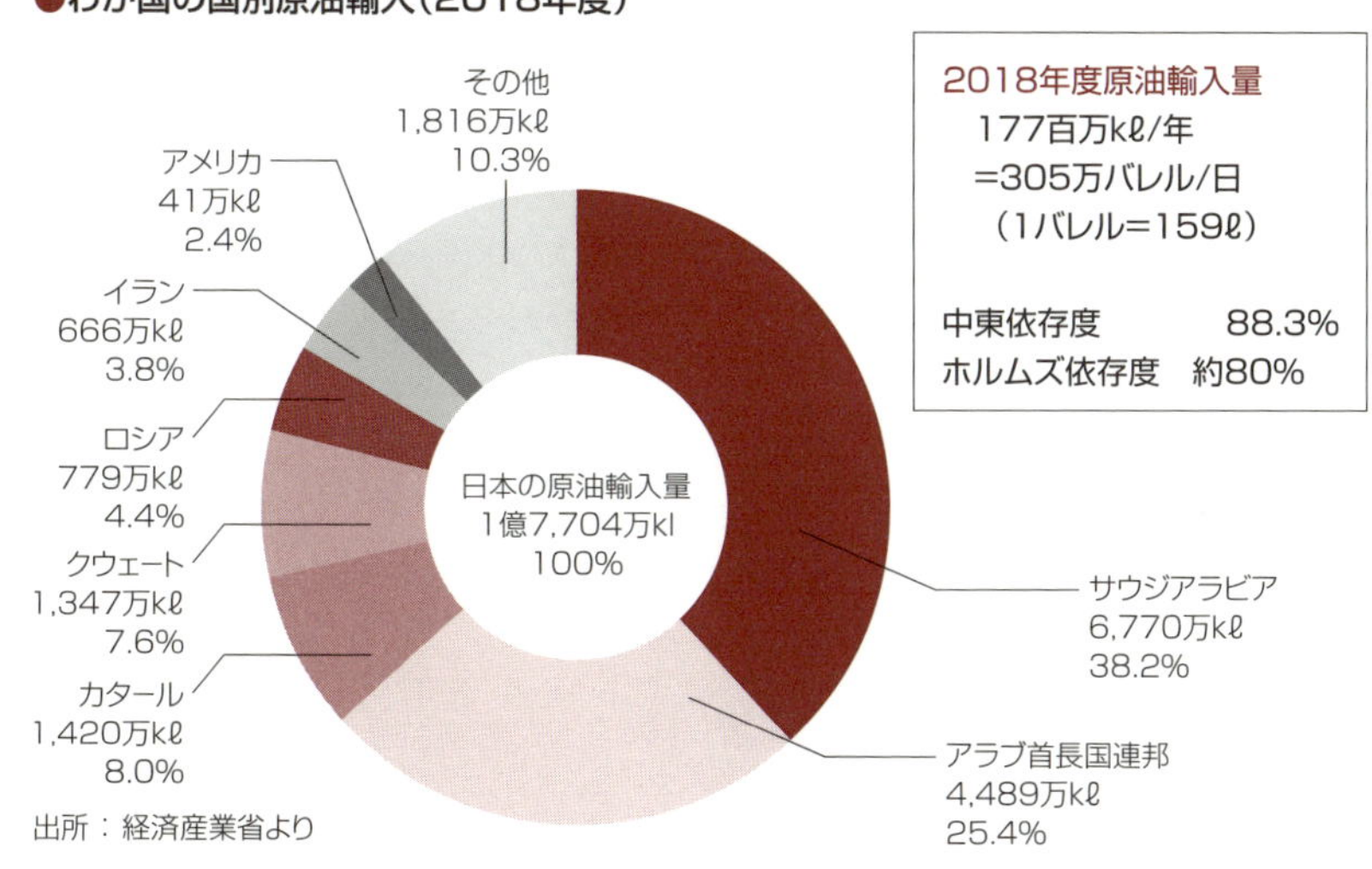

出所：経済産業省より

2 ホルムズ海峡

わが国の輸入原油の約8割は、ホルムズ海峡を通過しています。ホルムズ海峡は、石油輸送上の戦略的要衝であることから、その安全航行は、世界のエネルギー安全保障の必要条件です。

ホルムズ海峡

ホルムズ海峡は、インド洋とペルシャ湾をつなぎ、イラン領とオマーン領（飛び地）に面した世界最大の石油輸送の戦略的要衝*で、最狭部は34km、潮流が速いという地理的条件にあります。石油の輸送量は2100万バレル／日で、世界の石油需要の約2割、石油貿易の約4割が通過し、わが国の原油の約80％が通航しています。封鎖を行えば米軍が介入することが明らかであることから、イスラム体制の維持に係わるといった事態に至らない限り、イラン政府による封鎖は考えられませんが、偶発的事象に起因する航行の阻害、軍事的衝突の可能性は否定できません。

イランと米国との対立

2018年5月、米国は一方的にイラン核合意（JCPOA）から脱退し、イランに対する経済制裁の再開を決めました。イラン核合意は、2016年7月、国連常任理事国とドイツ（P5＋1）がイランと合意した、イランによる核開発の凍結とその見返りとしての経済制裁の解除を内容とするもので、オバマ政権のレガシー（歴史的遺産）といわれました。トランプ大統領は、内容の見直しを要求し、イラン原油の輸入禁止など経済制裁を再開しました。イラン政府は、激しく反発、ウラン濃縮活動の再開など核合意の一部履行停止で対抗しています。

＊**石油輸送の戦略的要衝**　ホルムズ海峡以外にも、マラッカ・シンガポール海峡、バル・エブ・マンデブ海峡、ジブラルタル快挙、ボスポラス海峡、スエズ運河、パナマ運河などがあります。

２０１９年５月にはフジャイラ沖に停泊中の４隻のタンカーが、６月にはオマーン湾を航行中の日本向けを含むタンカー２隻が、立て続けにホルムズ海峡出口付近で何者かに攻撃される事態が発生しました。さらに、６月20日はイランの革命防衛隊が米軍の無人偵察機を撃墜し、米軍による軍事報復寸前まで緊張が高まりました。その後、９月12日には、サウジの石油施設がドローンと巡航ミサイルで攻撃を受けましたが、イランによる攻撃であると見られています。

サウジとイランの対立

湾岸地域の大きな地政学的リスクは、サウジアラビアとイランの対立です。両国は、湾岸地域の地域大国として、覇権を争うライバルであるだけでなく、イスラム教の宗派、民族・言語でも対立しています。

サウジ、アラブ首長国連邦（ＵＡＥ）、クウェートともに、王家・支配層はスンニ派ですが、湾岸の産油地帯の住民はシーア派が多く、ペルシャ湾を**シーア派の海**ということもあります。湾岸王制諸国では「ペルシャ湾」のことを「**アラビア湾**」といいます。

ホルムズ海峡をめぐる緊張

月日	最近の米国とイランの対立
2015年7月	イラン核合意成立
2018年5月	米国、核合意離脱表明
8月	対イラン経済制裁再開
11月	石油禁輸180日適用猶予
2019年4月	革命防衛隊をテロ組織認定
5月 5日	米軍空母・爆撃機を派遣
5月 8日	イラン、核合意一部履行停止
5月12日	フジャイラ沖タンカー4隻爆破
5月14日	サウジパイプライン施設攻撃
6月13日	オマーン湾でタンカー2隻爆破
6月20日	イラン、米無人偵察機を撃墜
6月24日	米、対イラン制裁強化
7月 9日	米国、有志連合を提唱
7月19日	イラン、英国タンカー拿捕
8月26日	仏、米･イラン首脳会議を提案
9月14日	サウジ石油施設攻撃
10月11日	紅海でイランタンカー爆破
2020年1月 2日	米軍、革命防衛隊司令官殺害
1月 8日	イラン、イラクの米軍基地攻撃

	サウジ	イラン
政治体制	君主制	イスラム民主制
民族・言語	アラブ	ペルシャ
イスラム宗派	スンナ派	シーア派
原油埋蔵量	2670億B	1656億B
原油生産量	1200万BD	344万BD

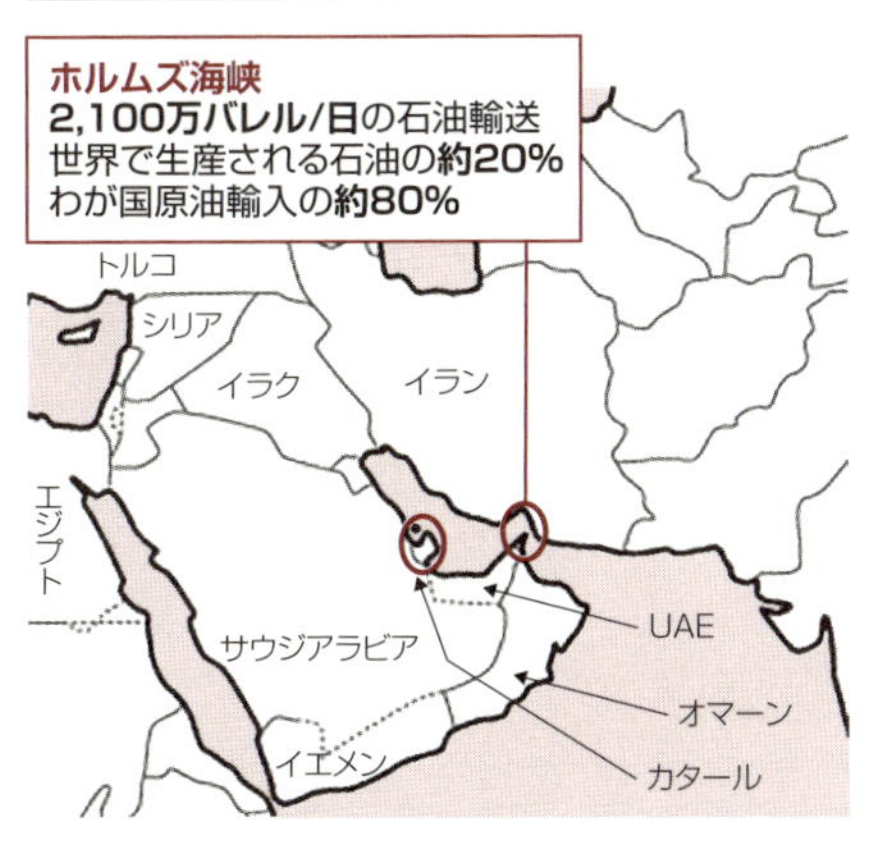

出所：著者作成

3 国際エネルギー機関（ＩＥＡ）

石油危機の教訓に基づき、先進消費国は危機管理体制を整備すると共に、石油依存低減に向けた「脱石油政策」が推進されましたが、その中核となったのが、国際エネルギー機関（ＩＥＡ）でした。

ＩＥＡの役割

ＩＥＡ*は、１９７４年11月、経済開発協力機構（ＯＥＣＤ）理事会決議により、国際エネルギー計画（ＩＥＰ）協定の実施機関として設置されました。**ＩＥＰ協定**は、前文・本文96条と緊急時備蓄に関する付属書からなる国際協定です。短期的には、石油の供給不足に備えて、備蓄・相互融通などの対応策を講じると共に、長期的には、石油依存度低減を目的としています。

具体的には、①石油純輸入90日相当分の緊急時備蓄保有義務、②「緊急時石油融通システム」（**ＥＳＳ***）構築、③エネルギー長期協力計画の策定、④国際石油市場に関する情報の収集・活用などが主な内容です。

当初はＯＰＥＣに対抗するための先進石油消費国の協力機関として、キッシンジャー米国務長官（当時）の提唱によって設立されましたが、90年代以降は産消対話の窓口機関の役割を果たしており、最近では新興国や途上国との協力や情報交換も活発に行っています。また、ＩＥＡは、１９７４年、石油需要削減策として、石油火力発電所の新設禁止を決議しました。

協調的緊急時対応措置（ＣＥＲＭ）

緊急時対応としてのＥＳＳは、加盟国全体または一部で一定量（7％）以上の供給削減事態が発生した場合、加盟国間で石油の緊急融通を行うという制度的枠組みですが、手続きが硬直的かつ複雑で、米国独禁法との調整が必要となる問題点がありました。

そのため、イラン・イラク戦争激化を背景に、１９８

* IEA　2-5節参照。
* ESS　Emergency Sharing Systemの略。

4年7月、IEA理事会は、ESSに至らない柔軟な対応策として、緊急時の初期段階において、加盟国の自主的参加による協調的な備蓄取り崩しや消費抑制などを内容とする**協調的緊急時対応措置(CERM*)**の枠組みを承認しました。

湾岸戦争における危機管理

IEAでは、湾岸危機発生直後から、加盟国間で情報交換を行うと共に、不測の事態に備えました。その後、91年1月17日の湾岸戦争開戦にあたっては、IEAは事前の合意に基づき、CERMを初めて発動し、米国の戦略石油備蓄(SPR)の約3300万B放出やわが国の備蓄法の民間石油備蓄義務4日分軽減(約240万KL=約1500万B)等により、加盟国合計で約150万BD相当の石油を追加供給しました。

このように、湾岸危機・戦争においては、原油の供給削減事態への危機管理として、産油国側の原油余剰生産能力と消費国側の石油備蓄の十分な存在が有効であることが実証されたかたちとなりました。

国際エネルギー機関(IEA)の概要

- 設置：1974年11月、第1次石油危機を教訓に先進消費国の協力機関としてOECDに設置。OECD加盟国がメンバー。
- 役割：①石油純輸入90日分の緊急時備蓄保有義務
  ②緊急時石油融通システム(ESS)の構築
  ③省エネ・燃料転換(脱石油政策)の推進
  ④国際石油市場に関する情報交換・活用　等
- ESSは、加盟国で一定量(7%)以上の石油の供給削減が発生した場合、加盟国間で相互融通を行うもの
  ただ、手続きが硬直的で複雑なため、発動実績なし
- そのため、84年7月、ESSに至らない柔軟な対応策、協調的緊急時対応措置(CERM)を採用
  CERMは、加盟国の自主的参加による協調的な備蓄　取り崩しや消費抑制等を内容とする。過去3度発動

＊**CERM**　Co-ordinated Emergency Response Measuresの略。

4 石油備蓄

IEAの国際協調の前提は、加盟各国の石油備蓄の保有です。国際エネルギー計画(IEP)協定には、加盟国の備蓄の保有形態には言及していないことから、各国各様の備蓄形態で対応しています。

欧米の備蓄方式

米国では、緊急時のエネルギー安全保障は、政府が責任を持つべきであるとの考え方に基づいて、政府備蓄として、エネルギー省(DOE*)が**戦略石油備蓄(SPR*)**を実施しています。各地に岩塩ドームの地下備蓄基地を有しており、10億バレルを備蓄目標としています。ただ、最近では、シェールオイルの増産に伴い、備蓄量の引き下げが議論されています。さらに、エネルギー省によると、2019年末には、米国は石油の純輸出国になったことから、IEAの備蓄義務はなくなります。

欧州では、民間石油会社の在庫から備蓄分を切り離すために、備蓄のための特別な協会・組合を設置し、石油会社に加入義務を課している例が多いです。フランスでは、石油会社に前年供給量の29.5%の備蓄を義務付け、官民で構成する**戦略石油備蓄委員会(CPSSP)**が費用を徴収し、**安全保障備蓄会社(SAGESS)**が備蓄を実施しています。また、ドイツでは、石油会社は、**備蓄協会(EBV)**への参加が義務付けられ、純輸入量の90日分の備蓄をシェア割りで費用負担しています。

わが国の石油備蓄

これに対して、わが国では、備蓄は長年**民間備蓄**と**国家備蓄**の2本立てで実施されてきました。

本格的な備蓄は、1975年、第一次石油危機を教訓として**石油備蓄法**が制定されたことに始まります。同法に基づき、石油精製・販売・輸入事業者に対して、

用語解説
* DOE　Department Of Energyの略。
* SPR　Strategic Petroleum Reservesの略。

90日備蓄を目標とする民間石油備蓄を義務付けました。90日備蓄義務は1981年度初めに達成されましたが、1993年度には民間備蓄義務は70日間に軽減され、現在に至っています。民間備蓄は、備蓄義務日数の軽減により、市場への追加供給を行うことができ、機動的対応が可能となる長所を持ちます。その反面、備蓄放出が見えないことから消費者へのPR効果に欠くといった短所が指摘されています。また、石油会社にとっては、備蓄が操業在庫と混在することから、在庫資産が肥大化し、収益が圧迫されるだけでなく、原油価格の変動で企業収益に大きなブレが生じてしまいます。

他方、国家石油備蓄については、1978年度から、旧**石油公団**（現JOGMEC、石油天然ガス・金属鉱物資源機構）が実施しており、全国10箇所の国家石油備蓄基地の建設や民間石油会社のタンクの借り上げによって、1989年2月には3000万KL、1998年2月には5000万KLの国家石油備蓄目標を達成しました。

主要先進国の備蓄日数とわが国の備蓄日数

●主要先進国の備蓄日数（2019年5月時点）

国名	民間保有	公的保有	合計備蓄日数
米国	435	278	713
オランダ	295	107	402
英国	272	0	272
日本	74	113	187
韓国	81	89	169
ベルギー	76	91	168
イタリア	125	11	137
ドイツ	31	91	122
フランス	30	81	111
豪州	57	2	59
IEA純輸入国平均	125	90	215

出所：国際エネルギー機関（IEA）

●わが国の備蓄日数

備蓄の種類	保有日数	保有数量
民間備蓄	94日	3,150万KL
国家備蓄	137日	4,584万KL
産油国共同備蓄	4日	120万KL
合計	234日	7,854万KL

出所：JOGMEC　2019年12月末現在

注1：石油備蓄法に基づく備蓄日数は、IEA基準と計算が異なる。
注2：備蓄法基準の場合、需要量から、LPG、石化用ナフサ等を控除、総輸入量を基準
注3：IEA基準の場合、備蓄量からデッドストックを控除、純輸入量を基準

5 産油国側の安定供給意識

二度の石油危機と逆オイルショックの教訓から、サウジ等湾岸産油国を中心に、産油国は、需給均衡と原油価格安定を図り、消費国への安定供給を重視するようになりました。一時的な原油価格上昇と財政収入拡大より、安定的な石油需要と市場(販路)の確保の方が重要との認識からです。

産消の相互依存関係

直接投資や貿易関係など、産油国と消費国の相互依存関係の深化も、産消間の紛争を抑止する機能があります。例えば、サウジはわが国の輸入額第5位(燃料等)で、輸出国としても自動車・情報機器等、重要な貿易相手国です。サウジに対しては、三菱化学(ジュベール)や住友化学(ラビーク)の石油化学合弁事業等の直接投資、が行われ、逆にわが国に対しては、出光興産の大株主です。

また、産油国は、80年代後半以降、製油所や流通網の買収等を通じて消費国石油市場への参入を活発化させ、原油の販路を確保すると共に、石油製品の安定供給にも留意することとなりました。

原油生産余力の確保

また、イラン革命や湾岸戦争を通じて明らかになったことは、産油国側で原油の余剰生産設備を保有することの危機管理上の有効性でした。通常、余剰生産設備を持つことは、経営合理性に反することであり、会計・税制上も不利であり、先進国ではあり得ません。しかし、湾岸産油国では、伝統的に、安定供給の要請から生産余力を有してきました。特に、サウジは、常時200万BD規模の生産余力を持つことで、有事・供給不足時に備えてきました。

バイパスパイプライン

さらに、サウジやＵＡＥのアブダビ首長国では、世界の石油輸送最大の要衝であり、わが国の石油輸入の最大のリスク要因でもあるホルムズ海峡をバイパス（迂回）する石油輸送路確保にも取り組んでいます。サウジは、80年代のイラン・イラク戦争におけるタンカー攻撃を背景に、80年代半ばに、東部の湾岸産油地帯アブカイクから西部の紅海側の出荷基地ヤンブーまで、東西パイプライン（ペトロライン、延長約１２００ｋｍ、能力約５００万ＢＤ）を供用させ、近年では約２１０万ＢＤの軽質原油を輸送しています。ファリハ・前エネルギー相は送油能力を近時の同国の原油輸出量に相当する７００万ＢＤまで拡張すると発言しました。

また、アブダビは、２０１０年代前半に、産油地帯のアブジャンからホルムズ海峡の外側オマーン湾に面したフジャイラ首長国への**アブダビ原油パイプライン**（延長約３７０ｋｍ、輸送能力１５０万ＢＤ）を敷設し、約６０万ＢＤの水準で運転しています。フジャイラは、従来から、世界有数の船舶燃料の補油地でした。

ホルムズ海峡の迂回パイプライン

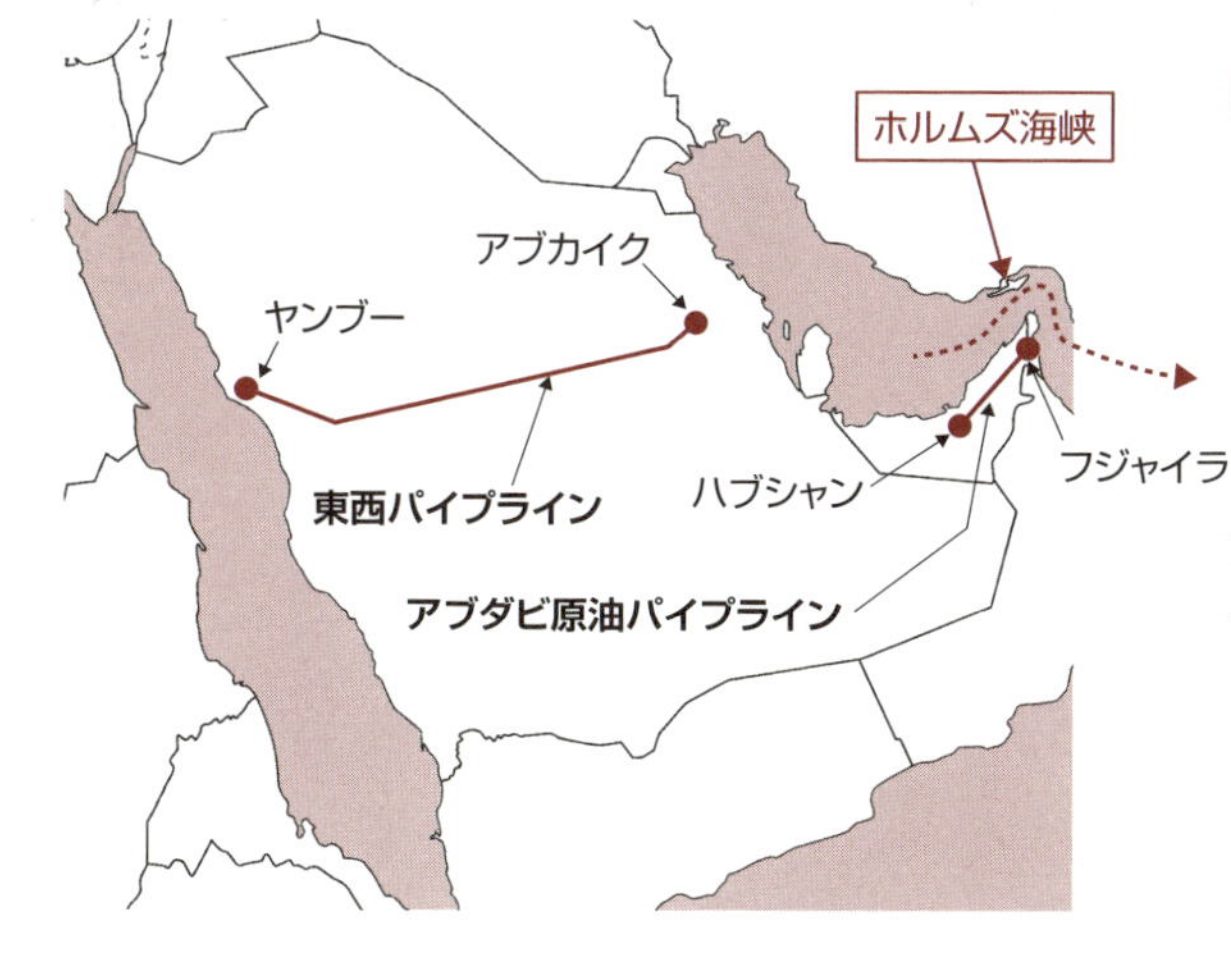

東西パイプライン（ペトロライン）
サウジの産油地帯、アブカイクから紅海側西部ヤンブー
延長：約1200km
能力：480万BD

アブダビ原油パイプライン
アブダビの産油地帯、アブシャンからインド洋側フジャイラ
延長：約370km
能力：180万BD

6 ハリケーン・カトリーナと東日本大震災

湾岸戦争においては、石油備蓄の有効性が実証されましたが、その後、石油備蓄は、海外からの調達面の安全保障だけでなく、国内的な安定供給確保にも、その役割を拡大することとなっています。

ハリケーン・カトリーナ

湾岸戦争後、IEAのCERMが発動されたのは、2005年9月、米国メキシコ湾岸を襲った**ハリケーン・カトリーナ**によるものでした。メキシコ湾の沖合プラットフォームやメキシコ湾岸の製油所の操業停止で、供給障害が発生したため、米国政府に要請に基づき、国際協調が行われたもので、わが国も、民間備蓄義務日数が3日分軽減され、ガソリンや軽油が米国向けに緊急輸出されました。なお、米国内では、2000年冬の北東部各州への寒波襲来時の経験に基づいて、同年7月からSPRに暖房油備蓄が追加され、2012年冬には、ガソリンと暖房油が緊急放出されました。

本来、備蓄の活用は、産油国からの供給途絶を前提に考えられたものでしたが、2000年代半ばごろから、災害時にも活用するという考え方が広がりました。

東日本大震災

この考え方は、わが国でも、2011年の3・11**東日本大震災**時に援用されました。東日本の出荷基地(製油所・油槽所)のほとんどが停止したため、国内の製品備蓄を活用し、円滑に供給する趣旨で、**備蓄法**に基づき民間備蓄義務日数が25日分(3月14日~3月20日)ないし3日分(3月21日~5月20日)軽減されました。

東日本大震災の被災地からの政府対策本部への支援物資要請の29%は燃料であり、電力や都市ガスが途絶する中、石油製品(LPGを含む)は、避難所等の暖房燃料、緊急車両の燃料、病院や発電所等の非常用発電燃料などとしての役割を果たしました。

この教訓を踏まえ、12年11月には、**改正石油備蓄法**が施行され、従来の海外からの石油供給不足への対応に加え、災害による国内特定地域における供給不足への対応が、同法の目的規定に追加されました。また、石油会社等に対しては、大規模災害発生に備えた**災害時石油供給連携計画**の策定が義務付けられると共に、ガソリンや灯油等の国家石油製品備蓄の拡充が行われました。さらに、石油会社には、系列ごとに、出荷基地（製油所・油槽所）から給油所に至る災害時の出荷機能の維持を中心とした**事業継続計画**（BCP）の策定や災害時対応訓練の定期的実施が求められています。

石油備蓄の役割の拡大

石油の国民生活や産業活動における役割を考えると、安定供給は消費者・需要家の手元に石油製品が届いて初めて達成されるものです。その意味で、石油の安定供給の概念が、海外からの調達面における安定供給確保だけでなく、国内流通面における安定供給確保にその役割が拡大されたといえます。

過去の備蓄放出事例

出来事	期間	備蓄義務軽減日数
第二次石油危機	1979.3-1980.1	個社の申請ベース
湾岸戦争＊	1991.1.17－1991.3.6	82日⇒78日（4日分）
ハリケーンカトリーナ＊	2005.9.7－2006.1.4	70日⇒67日（3日分）
東日本大震災	2011.3.14－2011.3.20	70日⇒45日（25日分）
	2011.3.21－2011.5.20	70日⇒67日（3日分）
リビア情勢緊迫＊	2011.6.24－2011.12.31	82日⇒78日（4日分）

注：わが国では、過去の備蓄放出は民間備蓄義務軽減により実施
＊印は、IEA/CERMとして実施（国際協調）

JX喜入石油基地▶

政治と石油は分離

2018年秋、サウジアラビアの著名記者ジャマール・カショギー氏がサウジの在イスタンブール総領事館で殺害され、国際的にサウジ政府への批判が高まった時、サウジ高官が、石油供給で対抗できるとして、「石油戦略」の発動を示唆しました。その直後、当時のファリハ・エネルギー相は、「政治と石油は分離している」と発言し、明確にこれを否定したことがありました。2017年6月のOPEC総会でも、イランのザンガネ石油相が米国による核合意離脱に伴う経済制裁再開を非難した際、議長のマルズーキUAE石油相が、イランの発言をこの言葉で却下しました。

この言葉も、もともとはヤマニ元石油相の発言とされていますが、サウジの石油政策を明確に表した言葉の一つです。サウジにとって、国際石油市場の安定が何より重要であるがゆえに、一時的な国際政治上の利害と石油政策とは切り離して、考えて行きたいということでしょう。それだけ、サウジにとっては、安定的・長期的な石油収入の確保が重要なことであること意味しています。

サウジは、2016年1月の対イラン国交断絶後も、石油大臣同士は電話連絡を取り合っていましたし、2017年からのOPECプラスの協調減産開始時にもイランを生産割当の対象外にする配慮も見せました。考えてみれば、イラン・イラク戦争終結後の生産協定の復帰時もそうでした。石油の世界には、「油の交わりは血より濃い」という言葉もありますが、イランとサウジの地域大国としての覇権争いや宗派間争いの中にも、そういった一種の「油の仁義」といったものが感じられます。

また、米国・ロシア・サウジの三大産油国間でも、「政治と石油は別」といった感じがします。石油政策面でサウジとロシアが協調したOPECプラスの敵は、明らかにシェアを拡大する米国のシェールオイルです。しかし、国際政治上あるいは安全保障面では、シリア内戦でも、イラン問題でも、サウジは米国に味方し、ロシアと対決しています。石油政策と国際政治で一種のねじれを感じます。

ただ、最近のサウジの行動を見ていると、長期的な安定供給政策が維持されるか疑問に思えることも多くなりました。例えば、2020年3月6日のOPECプラスの減産協議決裂です。短期的な戦術的転換なのか、長期的な戦略的転換なのか、読めなくなってきました。今後の国際石油市場の安定が心配になります。

国際石油市場と原油価格

第5章では、国際石油市場と原油価格の形成について考えます。

まず、国際石油市場における需要と供給の現状・見通しを概観し、次に、原油価格の決定方式、変動要因を振り返るとともに、最後に、国際石油市場に大きな影響を与えてきたサウジアラビアの石油政策を考えます。

この章でも、国際石油市場における需給調整が大きなポイントになってきます。

1 石油の消費(需要)

石油産業の供給の前提は、消費者・需要家の石油製品に対する需要です。石油製品の需要に応じて、供給して行くことになります。最初に、国別・地域別の消費量やトレンド、今後の見通し等を考えてみます。

世界の石油需要

世界の石油需要が、2019年に初めて1億BDを超えました。既に2004年をピークに先進国の石油需要は減少していますが、アジアを中心に途上国の増加は著しく、当面、世界の石油需要は伸び続けるものと見られています。

2018年の石油需要は、米国2045万BD、中国1297万BD、インド486万BD、日本381万BDの順です。先進国と途上国の内訳は4780万BDと5150万BDですが、2000年時点では4520万BDと2650万BDで、2013年に逆転しています。特に、2000年から2018年の需要の伸びは、中国で470万BDから1297万BD、インドで230万BDから486万BDと増加が著しいのに対し、日本は510万BDから380万BDに減少しています(以上、IEA統計による)。

他方、一次エネルギーに占める石油の割合は、2018年に世界平均で33・6%、日本40・2%、米国40・0%、ドイツ34・9%と、おおむねトップのシェアを占めています。しかし、フランスは石油32・5%に対し原子力38・5%で、中国は石油19・6%に対し石炭58・2%であり、原子力依存、石炭依存の国情が反映されています(BP統計による)。

用途別の消費

IEAによると、世界の用途別石油消費は、輸送用が56%(乗用車26%、貨物車18%、航空6%、海運

5％）、工業用が18％（石化原料12％、工場燃料・蒸気用6％）、民生・業務用が8％、発電用が6％、農業等その他用が12％です。発電用、民生・業務用、工場燃料は代替可能性が高いが、石化燃料、輸送用燃料のうち貨物車・航空・海運は、代替可能性が低いとしています。

従来、輸送用燃料は石油がほぼ独占してきましたが、電気自動車の普及で、需要全体の4分の1が代替される可能性が出てきました。特に、途上国の消費の伸びは自動車が中心になるので、電気自動車の導入速度が、将来の石油需要の伸び、あるいは石油需要のピークに大きな影響を与えるものと考えられます。

長期石油需要見通し

IEA「世界エネルギー見通し」によれば、パリ協定の2度目標達成を前提とする**持続可能成長シナリオ**では、2020年代後半にピークを迎えますが、基本ケースである**新政策シナリオ**では、2040年代にピークアウトすることはないとしています。

世界の石油需要の見通し（新政策シナリオ）

百万バレル／日

国・地域＼年	2000	2017	2025	2030	2035	2040	2017－2040(注1)
北米	23.5	22.3	22.0	21.0	19.9	19.3	−0.6%
アメリカ	19.6	17.9	17.8	16.8	15.6	15.1	−0.8%
中南米	4.5	5.8	5.9	6.0	6.2	6.3	0.4%
欧州	14.9	13.2	12.1	10.9	9.6	8.7	−1.8%
EU	13.1	11.1	9.9	8.6	7.3	6.4	−2.4%
アフリカ	2.2	4.0	4.8	5.3	5.8	6.3	2.0%
中東	4.3	7.4	8.4	9.0	9.7	10.6	1.6%
ユーラシア	3.1	3.7	4.1	4.2	4.2	4.2	0.5%
ロシア	2.6	3.0	3.3	3.3	3.2	3.2	0.3%
アジア太平洋	19.4	30.5	35.8	38.0	39.0	39.5	1.1%
中国	4.7	12.3	14.9	15.7	15.7	15.8	1.1%
インド	2.3	4.4	6.2	7.4	8.4	9.1	3.2%
日本	5.1	3.6	3.1	2.7	2.4	2.0	−2.5%
東南アジア	3.1	4.7	6.0	6.4	6.7	6.8	1.6%
国際船舶向け需要(注2)	5.4	8.0	9.2	9.9	10.6	11.4	1.6%
世界合計	77.3	94.8	102.4	104.3	104.9	106.3	0.5%

注1：期間平均　　注2：国際船舶・航空用燃料を含む
出所：IEA「World Energy Outlook2018」（世界エネルギー見通し）

原油の生産（供給）

2

石油製品の需要に応じて、供給を確保することが石油産業の役割ですが、次に、最近のOPECと主要産油国の動向を中心に、原油生産の現状を見ておきましょう。

米国のシェールオイル増産

２０１８年、世界の原油（ＮＧＬ等を含む）供給が、初めて1億ＢＤを超えました。近年の原油生産で最も大きな変化は、米国のシェールオイル増産とそれに伴うＯＰＥＣ等の対応です。

最近10年で、米国は、シェールオイルの増産により、石油生産量は倍増し、２０１４年には、世界最大の産油国となりました（ＩＥＡ統計・BP統計による）。過去8年でみると、年間１００万ＢＤの増産を行ったことになります。シェールオイルの増産は続いており、２０１９年末ごろには、米国は石油の純輸出国になりました。２０１８年の米国産油量は、１５４９万ＢＤでした（ＩＥＡ統計）。また、２０１０年代前半、シェールオイルの平均生産コストはバレル当たり60ドルを超えると見られていましたが、10年代半ばの生産性向上によって、40ドル程度まで低下したといわれています。

ＯＰＥＣプラスの需給調整

２０１８年の世界石油生産の2位はロシアの１１４９万ＢＤ、3位はサウジの１０３３万ＢＤで、世界のシェア10％を超えているのはこの3カ国だけで、この3カ国の動向が国際石油市場に大きな影響を与えています。３００万ＢＤ以上の産油国は、カナダ５３８万ＢＤ、イラク４５７万ＢＤ、中国３８５万ＢＤ、イラン３５８万ＢＤ、ＵＡＥ３００万ＢＤの5カ国でした。

米国の増産に対し、ＯＰＥＣは、２０１４年11月、国際石油市場のシェアを回復するとして、減産見送りによって原油価格の安値戦争を仕掛け、100ドル水準の原油価格を50ドル程度まで引き下げると共に、需給調整の役割をコストの高いシェールオイルに押し付けようとしました。しかし、シェールオイルの生産性向上と産油各国の財政収入の激減により、OPEC側は方針を転換し、2017年初からは、ロシアを中心とする産油国10カ国に呼び掛け、**OPECプラス**として協調して減産を行うことで、原油価格維持を図りました。2018年のOPECのシェアは、35%ですが、減産参加の非加盟10カ国を含めると53%となり、減産必要時のOPEC加盟各国の負担は軽減されることになります。

なお、OPECプラスの各国は、国営石油会社への、政府による生産水準の変更が可能ですが、米国を含め先進国では、民間石油会社の、生産制限の合意への参加は、通常、独占禁止違反となります。

当面、米国のシェールオイルの増産が続く中で、サウジとロシアを中心にOPECプラスが需給調整と原油価格維持を図る体制が続くと思われましたが、シェールオイルのシェア拡大が止まらないことから、20年3月には減産協議が決裂しました。

石油需給の状況（2011 ～ 2020 年）

単位：百万 BD

暦年	2011	2012	2013	2014	2015	2016	2017	2018	2019	2020
需要　世界計	89.5	90.7	91.7	92.9	95.3	96.3	98.1	99.2	100	99.9
供給　世界計	88.6	90.9	91.2	93.7	96.4	96.9	97.5	100.3	100.5	*99.9
OPEC原油生産	30.6	32.1	30.6	30.7	31.4	32.4	32	31.9	30	*27.3
うちサウジ	9	9.5	9.4	9.5	10.1	10.4	10	10.3	9.8	
イラン	3.6	3	2.7	2.8	2.9	3.6	3.8	3.6	2.4	
イラク	2.7	3	3.1	3.3	4	4.4	4.5	4.6	4.7	
非OPEC生産	58	58.9	60	63	65	64.5	65.5	68.4	70.5	72.6
うち米国	8.1	9.2	10.2	12	13	12.5	13.3	15.5	17.2	18.3
ロシア	10.6	10.7	10.9	10.9	11.1	11.3	11.3	11.5	11.6	11.6
需給ギャップ	-0.9	0.2	-0.5	0.8	1.1	0.6	-0.6	1.2	0.5	*0.0

注：*は需給均衡を仮定した生産量，OPEC の NGL 生産は非 OPEC 生産に計上
出所：IEA 石油市場報告 2020 年 3 月号等より作成。

3 市場連動の原油価格

生活に大きな影響を与える原油価格。原油価格の決定方式や原油価格の形成メカニズムを説明します。

フォーミュラ価格方式

現在、わが国の輸入原油のほとんどは、サウジアラビア国営石油会社(サウジ・アラムコ)・アブダビ国営石油会社(ADNOC)等の産油国国営石油会社から購入(輸入)しています。サウジ等多くの国営石油会社では、期間契約(タームコントラクト、1年以上の契約)に基づく原油販売価格は、世界各地域の指標原油の先物価格あるいはスポット価格に「調整金」を加減して決定されています。この価格決定方式を**フォーミュラ価格方式**といい、実際の原油輸入価格は、各地域の指標価格の市場価格に連動しています。

原油価格は、第一次石油危機以前は国際石油会社が定める公定価格、第一次石油危機以降1980年代半ばまではOPECが決める公式販売価格(OSP)など、固定価格でしたが、80年代後半以降は、このように、市場価格に連動しています。

指標原油価格

原油は、生産地から消費地までの輸送が必要なため、地域ごとに取引市場が成立しており、現在、北米(ニューヨーク)、欧州(ロンドン)、アジア(シンガポール)が主要な原油市場となっています。

指標原油とは、歴史的に、各地域の代表的原油として取引されてきた原油のことです。北米市場では**WTI**(West Texas Intermediate、西テキサス中質)原油、欧州市場では**ブレント原油**、アジア市場では**ドバイ原油**が指標原油とされています。ただ、ドバイ原油の場合は、量的に先物取引の厚みを欠き、客観性に欠けるため、サウジアラムコは、オマーン原油とドバイ原油の現物スポット取引価格の平均をアジア向け原油販売価格の指標としています。

先物原油価格

フォーミュラ価格を通じて、現実に取引される原油価格も、事実上、先物価格で決定されています。

原油先物市場は、経済の新自由主義を背景に、石油危機を契機とするメジャー石油会社の原油支配の喪失の中で成立しました。スポット取引の発生やヘッジ取引の必要など現実の取引ニーズによって、1983年3月にニューヨークのマーカンタイル取引所（NYMEX）、同年11月にロンドンの国際石油取引所（IPE、現ICE）が開設されました。

先物取引は、大半の取引は約定日に差金決済されますが、制度的には、現物引渡しも選択できることで、現物価格と先物価格の牽連性が担保されます。これを基礎にして、①当業者にとってのリスクヘッジ機能、②投機家にとっての資産運用機能、③結果としての市場における価格発見機能が成立し、先物価格によって現物の価格が決定されることの合理性が認められます。

指標原油の概要

	アメリカ	ヨーロッパ	アジア
指標原油	WTI	北海ブレント	ドバイ・オマーン（中東産原油）
生産量	約30万BD	約50万BD	ドバイ：約7万BD オマーン：約70万BD
API度	35〜50度	約38度	ドバイ：31度 オマーン：33.5度
先物市場	NYMEX（ニューヨーク商品取引所）	ICE（国際商品取引所）	SIMEX（シンガポール国際金融取引所）
特徴	貿易量は少なく米国のローカル原油、ただし先物取引量は5〜10億Bと大量プライスリーダーの役割	最も国際的原油 ロンドンが中心だが、ロシア原油や北アフリカ原油にも影響	先物取引所は上海・東京にもあるが、取引はシンガポール中心。先物価格よりプラッツ社の評価価格に信頼

●フォーミュラ価格

原油出荷（FOB）価格＝指標原油価格＋調整金

4 原油価格の変動要因

過去、原油価格は、上昇と下落を繰り返してきました。こうした原油価格の変動要因については、色々な見方がありますが、需給、地政学、金融・経済という三つの要因から分析する見方を紹介します。

需給のファンダメンタルズ

原油価格変動の第一の要因として、原油市場における**需給のファンダメンタルズ**が挙げられます。原油も市場商品（Commodity）である以上、基本的に、原油価格は需給状況を反映することになります。

原油市場においても、供給過剰で需給が緩和している局面では原油価格は低下し、供給不足で需給がひっ迫している局面では上昇するという「市場メカニズム」が成立しています。例えば、2000年代には中国をはじめとする新興国の需要急増を反映し原油価格が上昇しましたが、2010年代半ばにはシェールオイル増産による供給過剰で原油価格は下落しました。

ところが、歴史的に、原油の需給はアンバランスになりがちなため、市場で影響力の大きいプレイヤーが需給調整の役割を担ってきました。例えば、第一次石油危機以前はメジャーが生産調整を行い、1980年代前半にはサウジアラビアが一国で減産を行い価格を維持しました。90年代以降は、OPECが生産カルテルとして世界需要見通しから非OPEC供給を控除した水準（Call on OPEC）に生産上限を設定してきましたが、2017年以降はOPECプラスが協調減産を行い、需給調整・価格維持を図っています。

地政学リスク

第二の要因として、石油資源が地理的に偏在している一方で、石油製品が国民経済に不可欠な基礎物資であり、国の安全保障に直結する戦略物資であるため、国際政治的な要因として、**地政学リスク**が原油価格に大きな影響を与えるものとされています。例えば、2011年の「アラブの春」の時期のように中東湾岸地域で政治的緊張が高まると原油価格は上昇するし、15年のイラン核合意から対イラン経済制裁解除の時期のように緊張が緩和すると原油価格は低下します。

金融・経済環境

第三の要因としての**金融・経済要因**については、2003年以降、世界的な余剰資金を背景に、原油先物市場が急拡大、金融市場における資金移動が原油価格の形成にも大きな影響を与えるようになり、原油の「金融商品化」が進みました。NYMEXでは、原油先物取引は一日当たり約5～10億バレル相当と世界の原油需要（実需）の5～10倍に匹敵する取り引きが行われています。

一般に、金融の緩和局面や景気先行きの明るい局面では、リスク資産とされる原油先物への資金流入で原油価格が上昇する一方、金融引き締め局面や景気先行きの暗い局面では、リスク資産である原油先物から安全資産への乗換えで、原油価格は低下します。

原油価格の変動要因

要因	商品特性	状況
需給要因	市場商品	基本的に原油は市場商品ゆえ、市場のファンダメンタルズで価格は決定。 需給ひっ迫で価格は上昇、需給緩和で価格は下降。 2000年代には新興国の需要増加で価格高騰、2010年代半ばにはシェールオイル増産で価格暴落。
地政学要因	戦略商品	石油は国民経済に必要不可欠な一方で中東に偏在。 地政学リスクの高まりで価格は上昇、緊張緩和で下降。 1970年代二度の石油危機で原油価格は高騰。 2011年のアラブの春、2019年のイランを巡る緊張で上昇
金融・経済要因	金融商品	商品先物市場の発達で石油は金融商品化。 2000年代には、世界的な金融緩和により原油先物市場に資金の流入が続き、継続的に価格上昇。 最近では、米中貿易摩擦など経済リスクに対して、株価などとともに、投資リスク回避の姿勢（高リスク商品）。

●OPEC原油需要（Call on OPEC）

OPEC原油需要（Call on OPEC）＝世界需要－非OPEC供給

5 サウジアラビアの石油政策

これまで、国際石油市場と原油価格に、大きな影響を与えてきたサウジアラビアの石油政策について、この章の最後に触れておきます。

サウジの伝統的石油政策

従来、サウジの石油政策は、合理的な原油価格による安定的な供給を維持する、石油市場の安定を志向する穏健な政策として、評価されてきました。例えば、イランの石油輸出停止があった第二次石油危機でも、イラク・クウェートの代替供給が必要となった湾岸危機でも、緊急増産で、危機軽減に貢献しました。

これらの緊急増産を可能としたのは、平時におけるコストをかけた余剰生産能力の存在にあります。同時に、そうした石油政策は、世界最大の**在来型石油**の確認埋蔵量を背景に、国家の経済の石油依存を前提として、長期的・安定的な収益確保を確保すると共に、埋蔵石油を最後の一滴まで有効活用するという国家的要請に基づくものでもあり、消費者（国）の「石油離れ」を防止するとともに、「石油時代」の永続を目指すものです。

シェア重視の戦略

また、サウジは、80年代前半、市場安定と原油価格維持の観点から、需給緩和局面において、需給調整役**スイングプロデューサー**を引き受け、一国で減産を引き受けた時期がありました。そして、減産の深刻化によって、1985年、財政危機に陥り、スイングプロデューサーを放棄、シェア重視の政策に転換しました。

その後、余剰生産能力を活用して増産を行うことで、1986年と88年に、10ドル割れの原油価格暴落を起こすことで、サウジのシェアを回復させ、石油需要増加を図りました。それ以降、サウジは、①ＯＰＥＣ内のサウジ生産シェア、②石油市場のＯＰＥＣシェア、③エネルギー供給の石油シェア、の３つの面でのシェア維持を意識してきました。２０１０年代半ばの、シェールオイル増産や環境圧力への対抗措置としてのＯＰＥＣシェア戦略もこうした発想によるものでしょう。

「石油時代」の終わり

70年代から80年代前半、サウジのヤマニ元石油相は、「石器時代が終ったのは、石がなくなったからではない」として、ＯＰＥＣ総会等で、原油価格の人為的な引き上げは、需要減少「石油離れ」を招くと反対しました。石油時代の終焉は、枯渇ではなく、新技術の導入に伴う石油代替によって起こるという意味です。この言葉は、電気自動車導入等の環境制約という石油を取り巻く環境変化によって、新たな意味を持ちました。

２０１６年４月、サウジは、脱石油依存や非石油部門の振興を内容とする国家改革計画「**ビジョン2030**」を発表しました。資金確保のために国営石油会社アラムコの株式上場（ＩＰＯ）も開始されました。サウジの石油政策は大転換期を迎えています。

原油の価格推移

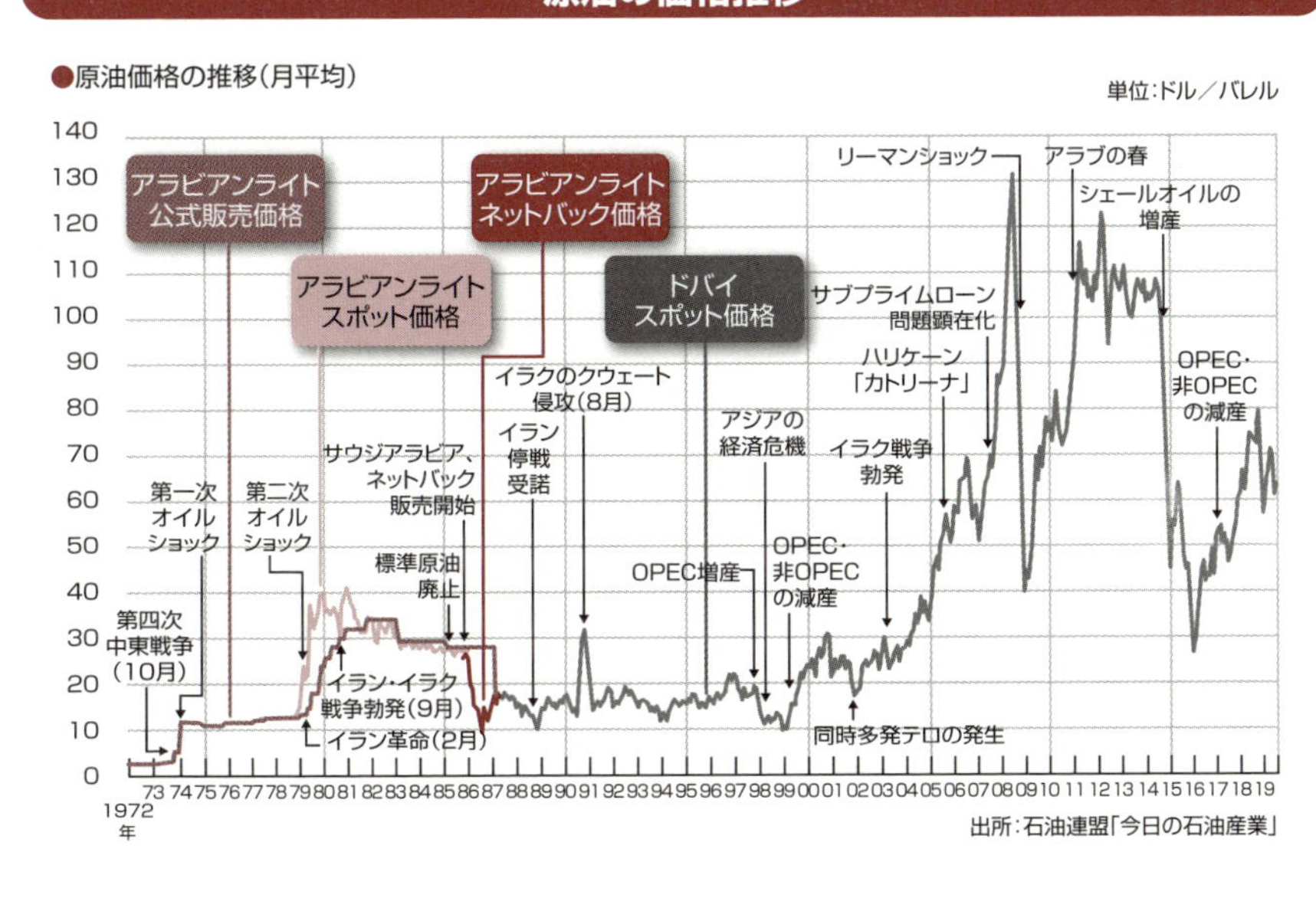

アラムコIPOと「脱石油依存」

2019年12月10日、サウジアラビア国営石油会社サウジ・アラムコは、国内株式市場に1.5%の新規株式上場（IPO）を行いました。企業価値も1兆8500億ドルと米国アップルを抜き世界一を、調達金額も256億ドルと中国アリババを抜き世界一を記録しました。上場二日目には、株価上昇により、企業価値も当初の2兆ドルを達成しましたが、その後は、原油価格の値下がりもあって、株価は低迷しています。この上場、新聞報道等では、ムハンマド皇太子が推進する国家改革プロジェクト「サウジアラビア・ビジョン2030」実施に必要な資金を調達するためとされています。ビジョン2030は、2016年4月策定されたもので、経済の石油依存脱却のため、非石油部門の振興や若年・女性の社会進出など目指しています。

しかし、ビジョン2030の核心は、「石油立国」から「投資立国」への転換にあるように思われます。サウジアラビアの国家体制は、サウド王家の権力の正統性をイスラム教の二つの聖地の守護者であることに求めたこと、そして、アブドラアジズ（イブン・サウド）大王が建国を進める過程で、国内宗教勢力と共闘したこと、また、各地の豪族との婚姻政策を展開したことで、国内宗教界と2～3万人といわれる王族の支持で成立しており、その二つの不労階級を維持しなければなりません。さらに、一般国民との関係では、絶対王政の下、人権と民主主義の引き換えとして、手厚い社会給付と生活保障を保証するという一種の「社会契約」が成立しているという説明がなされています。そうした莫大な国家維持コストの負担を可能にしてきたのは、生産コスト2.8ドル/Bの原油収入でした。言い換えれば、天然資源のレント（地代・賃料・剰余利益）です。そのため、永年、サウジは長期的な石油安定供給確保を重視してきたと理解されてきましたが、近年、先進国は、気候変動対策の観点から、脱炭素化に動き出しました。それは、莫大な石油埋蔵を有するサウジにとっては、大きなリスクになります。

したがって、そのリスク軽減のために、国営石油会社の上場によって、埋蔵原油の「現金化」を図り、その現金を投資に回すことで、投資のレントによって、宗教勢力と王族の維持を図ろうとしたものではないかと思われます。国家としてのレントの源泉を資源から投資に置き換えるのが目的であるような気がします。

原油の開発を生産

第6章から第9章までは、石油産業のサプライチェーンに沿った各論になります。

第6章では、石油の上流部門である原油の開発・生産について考えます。

ます、石油の炭鉱、掘削、生産といった技術の問題を取り上げます。次に、上流部門の特長である「ハイリスク・ハイリターン」を考えます。最後に、最近の話題である「非在来型石油」とわが国の海外石油開発について、取り上げたいと思います。

1 探鉱技術

数年がかりの調査と交渉を経て、開発鉱区の鉱業権取得に成功した場合、石油産業はその活動を地下の石油の鉱床を探す「探鉱」から開始します。

地質調査

鉱床とは商業生産への移行が可能な地下の石油の集積のことですが、鉱床を探す探鉱には、地表面の状況を調べる**地質調査**と、より詳細に、地下に分布する岩石や地層の物理的特性を調べる**物理探査**があります。

まず、地表の地質を調査し、地下の地質構造を探知するデータを得ることが必要となります。地質調査というと、技師がハンマーを片手に露頭を一歩ずつ踏査して回る姿がイメージされます。いまでも、現地踏査の重要性は変わりませんが、人工衛星や航空機（ドローンを含む）によるリモートセンシングや写真解析の技術が発達したため、極地を含めて、地球上のほとんどの地域の地質分析が可能になっています。

磁力探査と重力探査

物理探査には、**重力探査**、**磁力探査**、**地震探査**等がありますが、通常、地質調査に続いて、重力探査や磁力探査が行われます。石油のもとになる古代生物が堆積した**堆積盆地**を探すため、堆積盆地ではその基盤岩の方が磁性の強い性質を利用して磁気測定を行い、堆積盆地の形状を推定します。また、鉱床の典型的な地形である、山状で中央部に古い地層がある**背斜構造**は、岩石密度が高く周辺に比べて重力値が高い性質を利用して重力計を用いて探します。

地震探査

石油鉱床の存在が有望な場合、地震探査によって根源岩や貯留岩の構造など、さらに詳細な調査を行います。石油探査では**地震波探査反射法**が主流です。

通常、地震探査は、陸上の場合、爆薬や起震車の振動板で人工的に地震を起こし、ケーブルに一定間隔で取り付けられた受震器への地層の境界面から反射される地震波の伝わり方によって地下の構造を解明する方法です。海中の場合、地震探査船のエアガンによる地震波を探査船の曳航するケーブルに取り付けられた受震器で測定します。

地震探査によるデータに基づいて、従来は、一本の測線(ケーブル)で地層の一断面を把握する二次元(2D)解析が中心でしたが、近年では、複数の測線で広範囲の立体的な地下構造を把握できる三次元(3D)解析が行われます。さらに、3D解析に時間的要素を加えた四次元(4D)解析も可能です。また、こうした解析技術は生産開始後の適正な油層管理等にも活用されます。コンピューター高速化やコスト低減は、石油探査技術の革新をもたらし、より詳細な地下構造の把握が可能になりました。衛星測位システム(GPS)の発達も測量の精緻化と効率化をもたらしました。

地震探査反射法（海上）概念図（再考第３回）

石油の炭鉱

①地質調査
リモートセンシングの活用

②物理探査
・磁力探査
・重力探査
・地震探査

③評価
2次元・3次元解析

地震探査反射法概念図

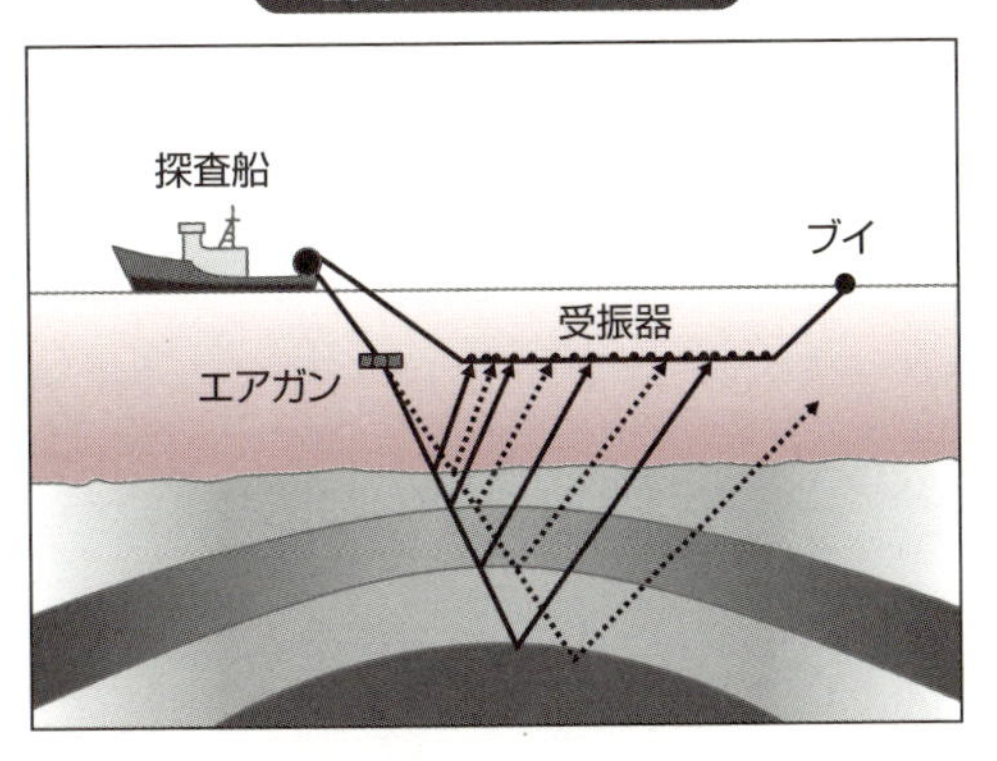

技術革新 ➡ 探鉱リスク低減・回収率向上

2 石油の掘削

探鉱活動の結果、有望な鉱床であると判断された場合、次の段階である掘削作業に移行します。

試掘

探鉱技術の発達によって、石油開発のリスクは低減されましたが、今日でも、地下の石油の存在は、実際に井戸を掘ってみないとわかりません。そのため、石油鉱床の有無を確認する**試掘**を行います。**試掘井**は、予定深度まで掘り進めながら、採取試料(コア)や掘り屑(カッティングス)を精査します。その結果、石油の存在が確認されると、鉱床の範囲や埋蔵量を評価するために、さらに数本の**評価井**を掘削します。

ロータリー掘削

一般に、油井の掘削には、**ロータリー方式**の掘削法が採用されています。ロータリー掘削は、掘り管(ドリルパイプ)の先端に「ビット」といわれる刃先を付け、地上から掘り管を回転させ、ビットが回転することで地下の岩石を掘り進めていきます。ビットは、岩石の硬さに応じて種々の種類があります。掘削作業では、摩耗したビットの交換が煩雑で、一本9メートルの掘り管を三本継ぎの単位でやぐらに引き上げ、ビット交換後再び下さなければなりません。やぐらの高さは38~45メートルになり、数千メートルに及ぶ掘り管の総重量は200トンを超えるので、堅固な構造も必要です。

また、掘削においては、**泥水(マッド)**の役割が重要になります。マッドは、循環しつつ、岩石の掘り屑を地上に運ぶと共に、ビットや掘り管を冷却したり、潤滑したりします。さらに、マッドは、地下の原油やガスの暴噴防止や掘削中の調査にも利用されています。

油田評価と開発計画

試掘井と評価井による試掘結果を含めた、石油鉱床の総合評価によって、商業生産の採算性が確認されると、油田の開発・生産計画が策定されます。そして、生産のための**生産井**が掘削され、出荷のための油ガス分離装置や配管、タンク等の設備が建設されるのです。採算性がないと判断されると、鉱区は放棄されます。

傾斜掘りと水平掘削

掘削の経済性や効率性の観点から、**傾斜掘り**の技術が発達しました。例えば、海洋開発のようにプラットフォームの一地点から数箇所に向かって掘削する場合や陸上でも垂直掘削できない場合には、坑井の方位と傾斜角度を制御しつつ、傾斜掘りが行われます。

また、一本の坑井から枝分かれして多数の坑井を掘削したり、油層中を水平方向に掘削したり（**水平掘削技術**）する技術も活用されています。サハリン沖開発では、陸上基地から海上11kmの地点まで、傾斜掘りによる**大偏距掘削**（**ERD**）が行われています。

ロータリー掘削機

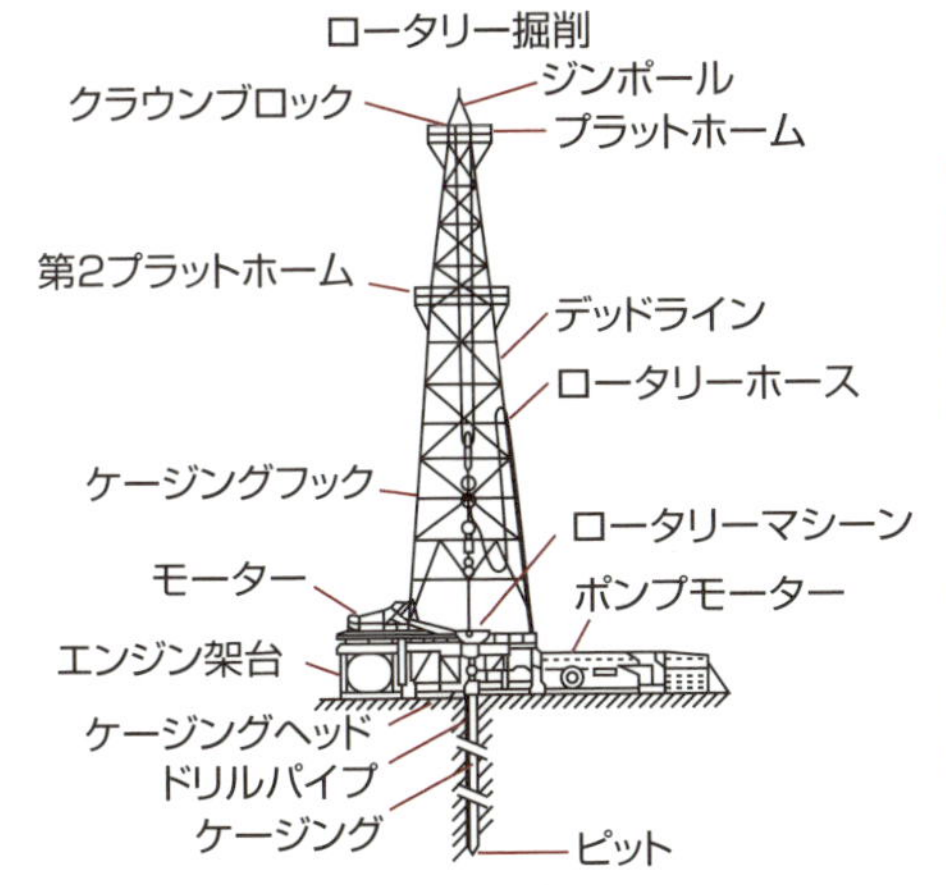

●水平掘削技術

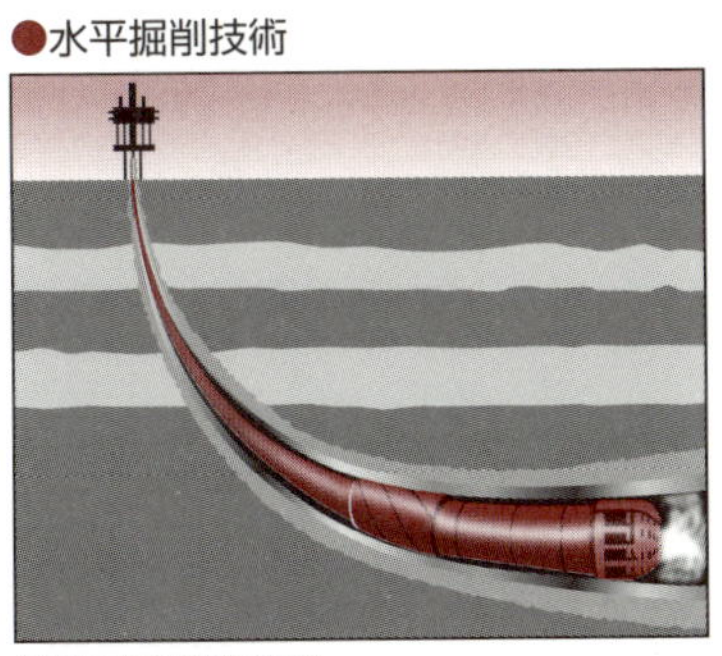

出所：石油鉱業連盟

3 石油の生産

試掘に成功し、関連施設の建設が終ると、ようやく油田の操業、石油の生産が開始されます。

一次回収

鉱床の石油は、坑井を通じて地上に回収されます。通常、生産初期には、油層は十分な圧力を有していることから、井戸元のバルブを開くと自噴してきます。このように自然のエネルギーの働きによる生産方法を**一次回収**といい、最も経済的な回収方法です。

しかし、生産が進むにつれて、油層の圧力が下がると、自噴量が減少するため、生産量の維持に、**人工採油法**や**坑井刺激法**、**二次回収・増進回収**を採用します。人工採油法としては、地表からガスを坑井を通じて油層中の生産流体（石油）に吹き込み、回収効率を上げる**ガスリフト法**や、サッカーロットポンプやハイドロリックポンプなどで回収する**ポンプ法**などがあります。また、坑井刺激法としては、酸を油層に吹き込み溶解・洗浄することで生産向上を図る**酸処理法**や坑井から油層内に液体を高圧で流入させ地層に割れ目を入れて回収向上を図る**水圧破砕法**もあります。

二次回収・増進回収

油層内の噴出圧力を上げるために、油層に水あるいはガスを圧入することを**二次回収**といい、特に、水を圧入する場合を**水攻法**といいます。二酸化炭素を圧入ガスとして利用するプロジェクトも進んでいます。**増進回収**（EOR）とは、熱・化学薬品などを加えて、油の流動性を改善し回収率を向上させるものです。

鉱床の石油は全量回収できるわけではありません。油層内の石油の回収率は、一次回収では、資源量（原始埋蔵量）のせいぜい30〜40％程度ですが、二次回収や増進回収によって50％、場合によっては60％程度まで回収が可能です。回収率の向上は、油田操業の採算性向上だけでなく、石油埋蔵量の増加にも貢献しています。

海洋石油開発

第二次世界大戦後、中東湾岸、メキシコ湾、北海、西アフリカ沖、ブラジル沖等で、大規模な海上油田が発見され、海洋石油開発が発達しました。

海洋掘削には、陸上に比べて特別な施設が必要で、コストも大きくなります。水深が浅いと、人工島が築かれて掘削装置（リグ）が置かれたり、プラットフォームから甲板昇降掘削装置（ジャッキアップリグ）が設置されたりして、掘削します。水深が深いと、半潜水型掘削装置や掘削船が使用されます。そして、海上での原油生産には、プラットフォームが設置されます。固定式と浮遊式があり、水深1000メートルを超える大水深開発では、浮遊式が利用されます。

掘削坑井の種類

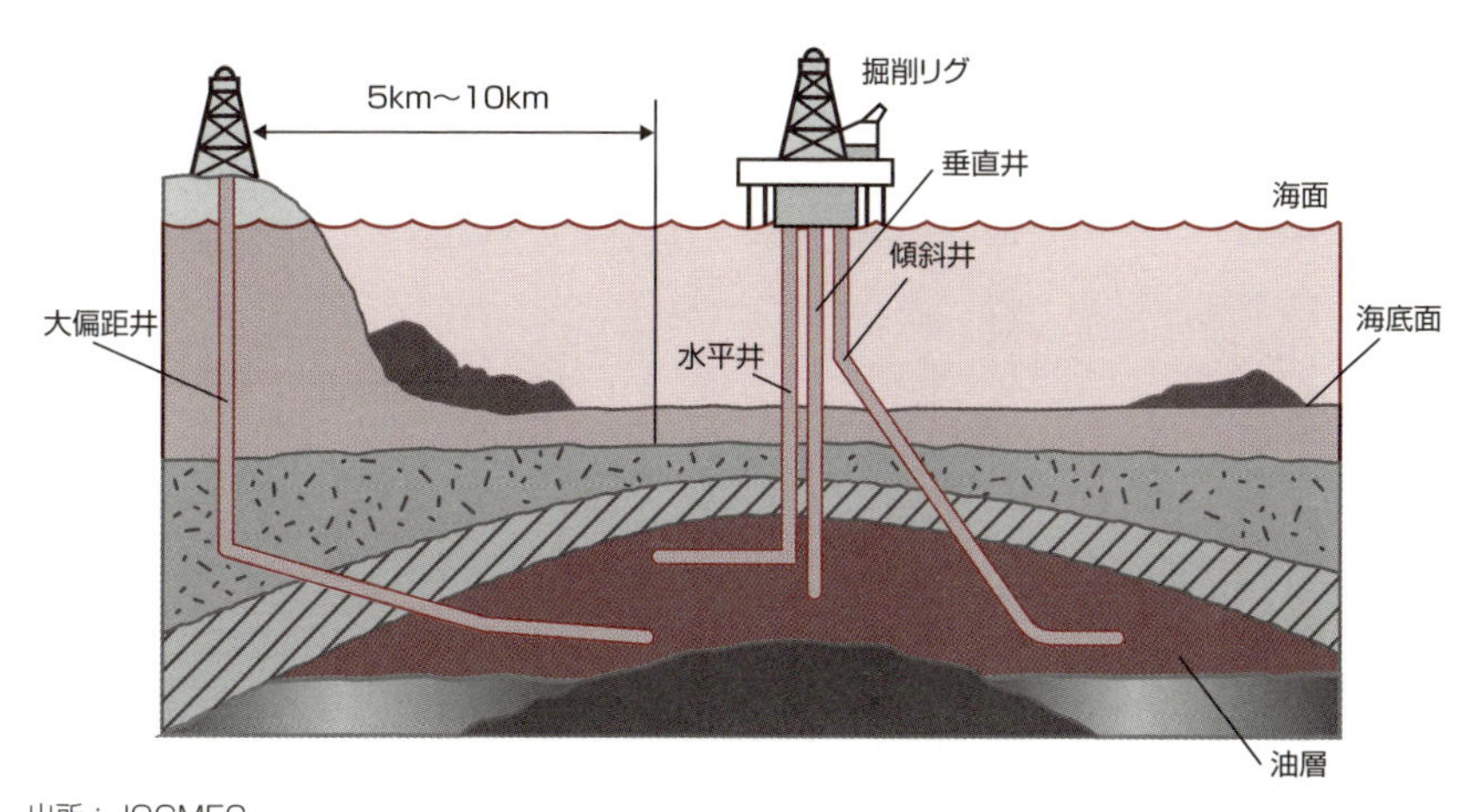

出所：JOGMEC

4 ハイリスク・ハイリターン

石油開発の特徴は、巨額の投資が必要になると同時に、リスクも大きいという点です。しかし、ひとたび開発に成功すれば、そのリターンは大きいものです。

巨額の投資

ダニエル・ヤーギンは、1991年の『石油の世紀』（NHK出版刊）で、石油から得られる収益を巨額の投資リスクに対する「報奨（Prize）」であると表現しています。また、井戸元のバルブやゲージのある構造物は、その形状が似ていることから、「クリスマスツリー」といわれますが、それは試掘に成功しプレゼントが約束されているからだと聞いたことがあります。

石油開発の投資額の大きさの例として、5000メートル級の試掘井の費用は一坑当たり20～30億円で、炭鉱段階でプロジェクト当たり数十億円から百数十億円、開発に移行する場合には数千億円のコストが必要です。そのため、石油開発は、有望な鉱区を先取し、十分な資本的蓄積がある国際石油資本（メジャーズ）や産油国・消費国の国営石油会社が主流となります。制約の中で、敗戦国として、後発のわが国の石油開発会社は健闘しているといえるかもしれません。

地質リスク

主なリスクとしては、物理的意味での**地質リスク**、経済的意味での**原油価格・為替リスク**、政治的意味での**カントリーリスク**が挙げられます。

まず、地質リスクについては、探鉱・試掘の結果、油田が見つからない場合もあれば、発見されたとしても、評価の結果、商業生産に見合わず、鉱区を放棄せざるを得ない場合もあります。商業油田の発見率（成功率）は、かつては世界平均で約0・3％でした。技術革新で向上したものの、まだリスクは大きいといえます。

原油価格・為替リスク

また、石油開発では、鉱区取得から生産開始、投資開始から資金回収までに、通常5～10年のリードタイムを要します。その間、原油価格の変動リスクがあります。また、わが国の場合、原油価格がドル建てのため、円・ドルの為替変動リスクも加わります。これらの変動で、油田操業の採算性は大きく変動するのです。原油価格が低迷する状況は、石油開発企業にとっては、まさにリスクが現実化し、厳しい経営環境ですが、逆に、鉱区取得にとってはチャンスとなります。

カントリーリスク

さらに、石油開発は、中東やアジア・アフリカ等途上国で行われることが多く、戦争や地域紛争などで事業自体ができなくなることや政権交代等による資源政策が変更される事態も想定されます。例えば、イラン核開発疑惑への経済制裁で、わが国がアザデガン油田の開発から撤退せざるを得なくなったケースなどです。

石油と天然ガスの産地地帯

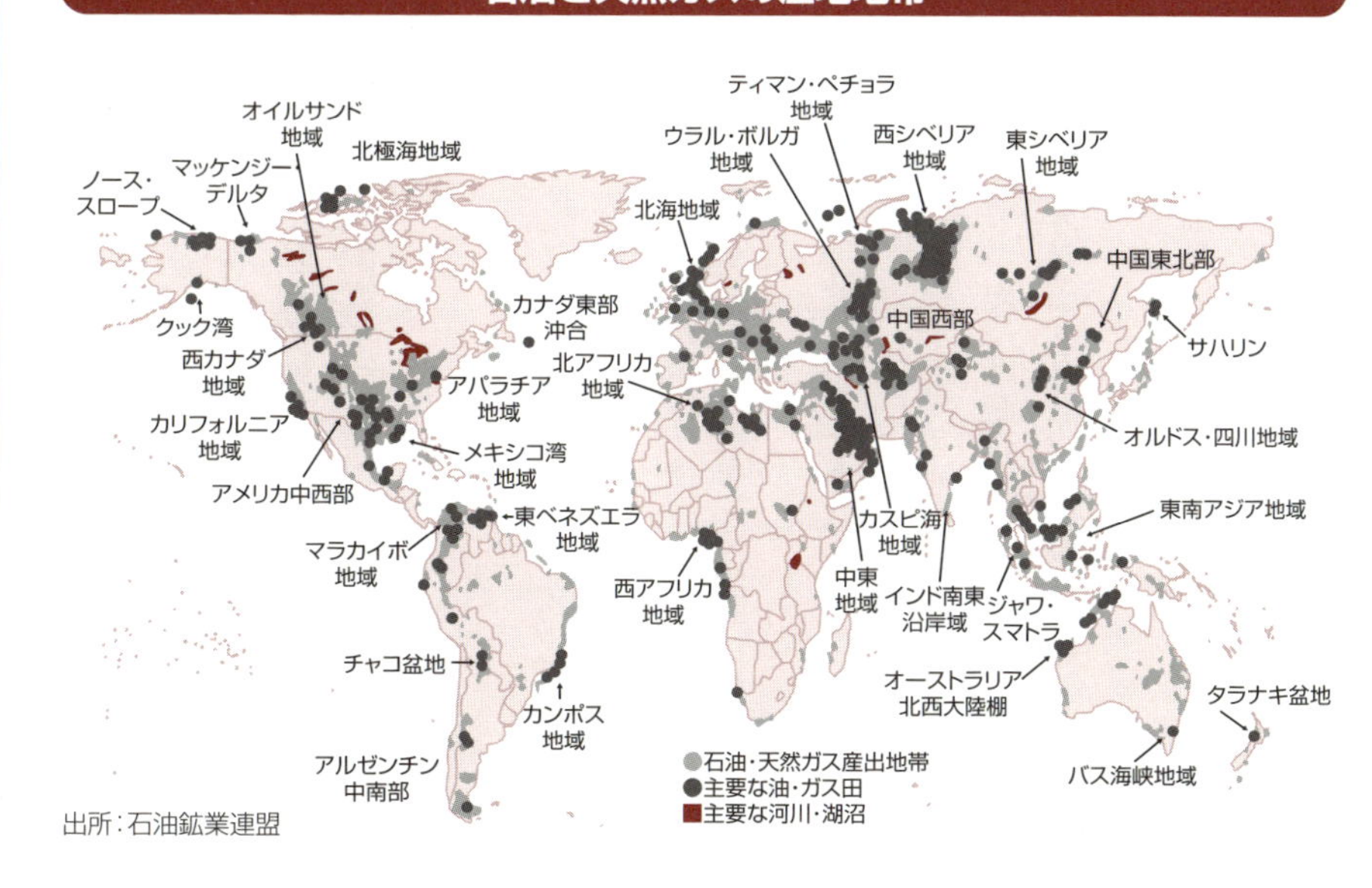

出所：石油鉱業連盟

5

非在来型石油の登場

近年、カナダのオイルサンドやベネズエラのオリノコタールといった超重質油、またシェールオイル(タイトオイル)といった軽質油の生産が本格化し、国際石油市場に大きな影響を与えました。これらは、「非在来型石油」と呼ばれますが、ここでは超重質油を中心に紹介します。

非在来型石油

在来型石油とは、在来型の油田(貯留層)から自噴ないしポンプで採取される石油です。他方、**非在来型石油**とは、在来型石油の以外の石油のことをいいますが、その定義は明確なっているとは言い難いです。

2000年代の原油価格上昇と技術開発によって、一挙に実用化・商業化が進みました。また、非在来型石油の実用化によって、資源枯渇への懸念が一挙に後退したばかりではなく、非在来型石油の資源分布が米州に多いことから、エネルギー安全保障面からも、中東集中が軽減されるとして期待されました。

API*度10以下の石油を**超重質油**といいますが、超重質油の典型的な非在来型石油は、カナダとベネズエラから産出されます。超重質油の開発によって、ベネズエラはサウジを抜き世界最大の、カナダはサウジに次ぐ世界第3位の石油埋蔵国となりました。

カナダのオイルサンド

カナダの**オイルサンド**は、アルバータ州に広がる油交じりの砂の層で、確認埋蔵量で約1700億バレルです。**ビチューメン**(超重質油)の採取方法は二通りあります。

一つは、**露天掘り**(Mining)で、表土を剥ぎ、大型シャベルでオイルサンドを取り出して砕き、熱湯で撹拌、遠心分離にかけビチューメンを採取する方法ですが、自

＊API　American Petroleum Instituteの略。ここでは、APIが定めた原油密度に関する単位のことをいう。

然破壊が甚大で、地表面を復元する必要があります。

もう一つは、露天掘りができない深いオイルサンド層（50m以上）からビチューメンを採取する**油層内（In-Situ）回収法**で、油層内を流動しないビチューメンに熱を加えて流動性を高めて地上に回収するものです。その中で、特に、**SAGD法**（Steam Assisted Gravity Drainage）は、二本の水平坑井を上下約5mの間隔で水平区間1000mを掘削し、上位の水平井から高温高圧の水蒸気を圧入し、下位の水平井から流動性を高めたビチューメンを回収します。ビチューメンは、コンデンセート等とブレンドされたり、改質処理によって合成原油にされたりして、出荷されます。

ベネズエラのオリノコタール

ベネズエラ東部のオリノコ川北岸に広がるオリノコベルト地帯に分布する**オリノコタール**も、超重質油ですが、熱帯サバンナ地域の地下600～1000mに発達した鉱床で、高温の地層のため、流動性はあり、ポンプによる採取も可能です。ナフサで希釈し、専用製油所で、軽質化、脱硫等の処理を行い出荷されています。

石油系資源の可採資源量と生産コスト

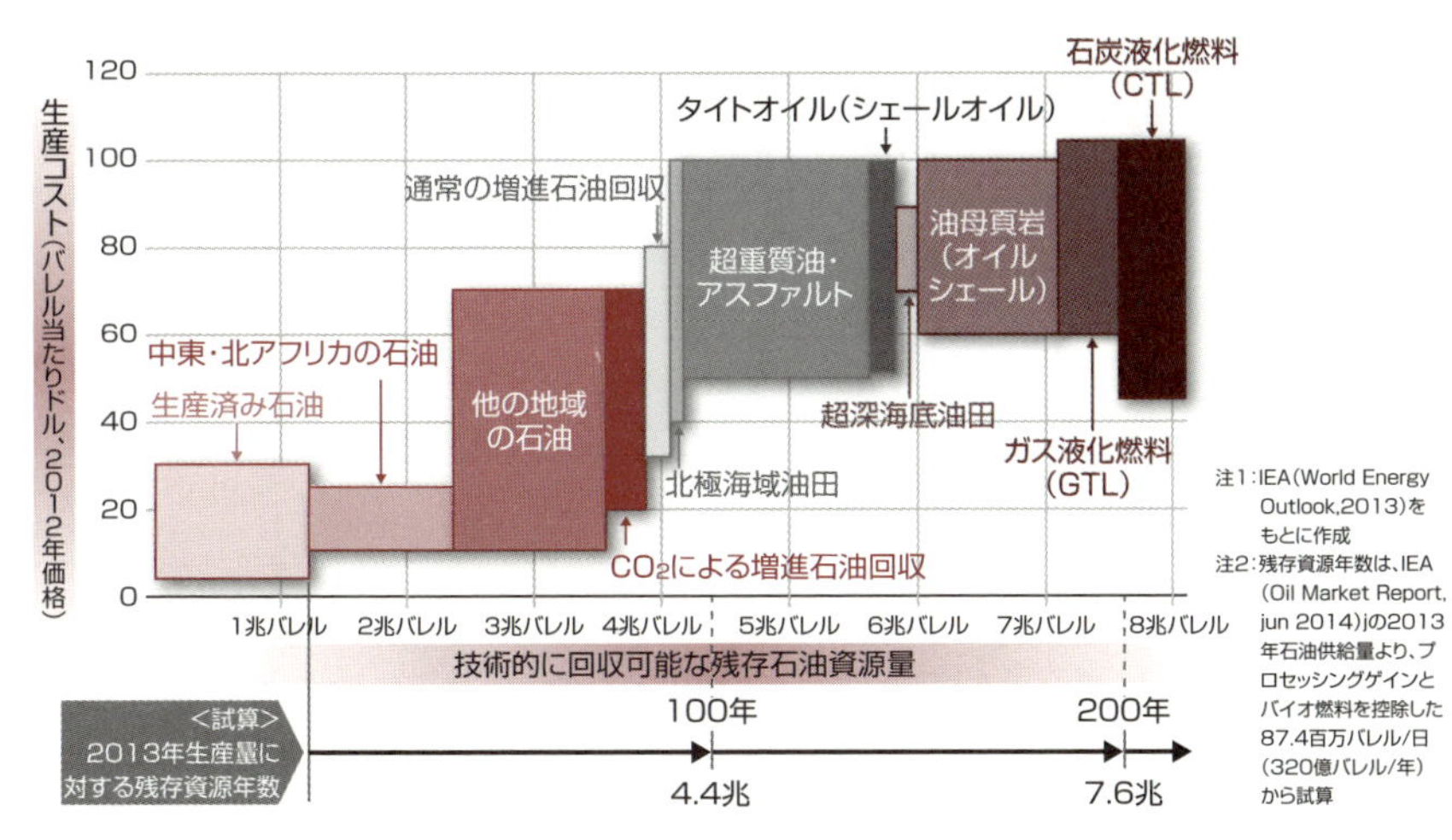

出所：石油連盟「今日の石油産業」

6 海外石油自主開発

本章の終わりに、わが国の石油開発について、その歴史・現状・課題等のついて考えてみましょう。

国内における石油開発

わが国においては、明治初期から、新潟県を中心に石油開発活動が行われて来ており、明治・大正期には、わが国も世界有数の産油国でした。現在でも、北海道、秋田県、新潟県では、原油の商業生産が行われていますが、２０１８年度のわが国の原油生産量は49万６０００ＫＬで、燃料油内需比０・３％に止まります。

海外における石油開発

戦後の本邦企業による海外石油開発は、１９６０年のアラビア石油による**カフジ油田**の発見に始まりますが、本邦企業が本格的に乗り出すころには、世界の有望鉱区は、すでに国際石油資本（メジャーズ）や各国大手石油会社に押さえられており、１９７０年代の半ば以降は、資源ナショナリズムを背景に、産油国の国営石油会社主導で、厳しい条件の中での開発活動を余儀なくされる時代となっていました。

国内企業による海外での石油自主開発への参加は、①一定量のエネルギー資源を長期安定的に確保できること、②わが国と産油国との間の相互依存関係を構築・強化につながること、③産油国国営石油会社やメジャーズ等との事業連携基盤につながることなど、エネルギー安全保障上、大きな意義を有しています。

そのため、現在、中東、東南アジア、オーストラリア、アフリカ、南北アメリカ、旧ソ連邦諸国等、世界各地で１４０を超える石油開発プロジェクトを実施中で、そのうち約半分を超える70プロジェクト超が石油・天然ガスの生産を行っています。わが国の企業が権益を有する石油と天然ガスの**自主開発比率**は、わが国の内需の29・4％に達しています（2018年度）。エネルギー基本計画で、2035年の目標値は40％とされました。

国内の石油開発会社

わが国の戦後の石油開発はアラビア石油を除いて、大きな成果はなく、石油開発への政策支援も石油危機後に本格化したため、後発でした。そのため、メジャーズのような一貫操業会社はなく、上流企業と下流企業の分断が見られ、国を代表する石油の**ナショナルフラッグカンパニー**は形成されませんでした。

現在、石油開発会社としては、国際石油開発帝石（INPEX）、ジャパン石油開発（JAPEX）が専業の二大会社であり、商社系として、三井石油開発、伊藤忠石油開発、三菱商事など、石油元売系として、JX石油開発、出光オイルアンドガス、コスモ石油開発などがあります。コスモ系のアブダビでの操業利権の延長・拡大やINPEXによる豪州イクシスガス田の操業など、明るいニュースもあり、今後の活躍が期待されます。

ベトナム・ランドン油田

出所：ＪＸ石油開発プレスリリースより

歴史は繰り返す？

原油価格は高騰と低迷を繰り返してきました。価格が上昇すると、投資が盛んになり、生産が増加する、そうなると、需給が緩和し、価格が低下し、投資不足になり、やがて需給はひっ迫し価格は上昇する。石油産業はそれを繰り返してきた気がします。

特に、1970年代以降は、それが15年周期で起こっています。1970年～1985年の価格高騰期の北海・アラスカ等の新規油田開発と燃料転換や省エネによる需要減少による需給緩和で、1985年からは価格低迷期が始まり、サウジの増産を契機に、86年と88年には二度の10ドル/B割れが発生します。90年代は、20ドル前後の水準で推移、97年秋のアジア危機で再び低迷した後、2000年過ぎたころから、BRICS等新興国需要が伸び、需給はひっ迫、高騰期が到来します。大量の投資資金の流入と、9.11同時多発テロ、イラク戦争発生等地政学リスクの高まりもあり、原油価格は上昇を続け、2008年夏にはWTI先物は147ドルの史上最高値を付けました。リーマンショックで、一時的に原油価格は低下するものの、アラブの春の緊張で、原油は100ドルを回復、2014年夏ごろまで高騰期が続きます。高騰期に技術開発が進んだシェールオイルによって、2016年からは需給緩和、価格低迷期が訪れ、現在それが続いているものと思われます。2020年3月のOPECプラスの協議決裂も、シェールオイル増産という市場構造の変化の中での対応をめぐる意見の対立が原因であったのでしょう。

問題は、今後どうなるかということです。2030年頃から、再び原油価格高騰期、需給ひっ迫期が来るか、どうかです。今後も、再び原油価格高騰期が来るとする見方もありますが、本格的なエネルギー転換、脱炭素化が始まり、需要が大幅に減少を続けるため、原油価格は低迷を続けるとの見方もあります。従来の投資サイクルと同様の動きをするか、脱炭素の動きの影響がどうかという問題になりますが、見通しが非常に難しいものがあります。

ただ、明確に言えることは、石油の安定供給の重要性を考えれば、転換期においても、需要に見合った供給が必要であることは間違いありません。転換期であるからといって、安定供給しなくて良いことにはならないのです。

石油の輸入

第7章では、わが国の石油の輸入について考えます。

まず、戦後、永年、石油政策の基本となって来た「消費地精製方式」と中東からの原油輸送を取り上げます。次に、中東依存度の高いわが国の原油輸入、さらに原油の種類とその選択を考えます。最後に石油製品の輸入を振り返りたいと思います。

1 消費地精製方式

わが国の国内原油生産は国内需要の約0・3%に過ぎず、99・7%は海外に依存しています。無資源国であるわが国が、石油の輸入について、どのような考え方に基づいて対応してきたか、紹介します。

消費地精製方式

戦後、わが国では、太平洋岸の製油所再開(1950年)以降、産油国から原油を輸入し、国内製油所で石油製品を精製するという**消費地精製方式**を基本とし、製品輸入は補完的に行われてきました。特に、石油業法制定(1962年)以降、政策的に国内精製による国内需給の完結を中心としてきました。

その背景には、中東における巨大油田の相次ぐ発見と太平洋戦争後のタンカー大型化による輸送費低減があり、潤沢な中東原油の市場を必要とするメジャー系外資と戦後復興・経済成長に潤沢な石油を必要とするわが国の相互依存関係の成立がありました。

また、消費地精製方式の利点としては、①国際貿易では原油取引が主で、製品取引は従であり、需給逼迫時でも原油の方が入手容易で供給安定性が高いこと、②国内精製することで国内消費に合せた需給調整と環境規制等国内事情に合せた品質調整が可能となること、③原油タンカーの方が製品タンカーより大型で経済性が発揮できる(運賃が安い)こと、④原油を原料に石油製品を生産することで付加価値を国内に留保でき外貨の節約が可能になること、⑤製油所を中心に関連産業がコンビナートを形成することで地域振興に資すること、等が上げられます。

湾岸危機時(1990年第4四半期)には、原油価格30ドル台に対して、シンガポール市場で灯油は100ドル近くまで高騰したこと、2005年にはわが国では世界に先駆けて軽油の超低硫黄化(**サルファーフ**

リー)をしたこともあり、①②③については、今でも、安定供給上有効であり、十分に意味があります。

製品供給の考え方

石油製品の供給の考え方については、各国各様で、わが国でも変遷を経てきています。

先進石油消費国では、おおむね消費地精製方式が取られていますが、欧州では軽油乗用車が多いため、軽油を輸入し、ガソリンを輸出するポジションにあります。米国ではその逆でした。産油国では、輸出用製油所が立地していますが、イランやイラクでは国内精製能力が不足しガソリン等を輸入しています。シンガポールや韓国では、産油国から原油を輸入し、第三国に製品輸出する**中間地精製**が盛んです。

わが国では、明治中頃から、ランプ用灯油の需要の伸びと共に、国産原油の精製と製品輸入の組み合わせで対応、大正期から昭和初期にかけて、製品需要の増加で、輸入原油を精製する軍の燃料廠や民間製油所も増加しました。太平洋戦争後は、太平洋岸製油所の操業再開(1950年)まで、製品輸入で対応ました。

わが国の原油輸入量とOPEC依存度・中東依存度の推移

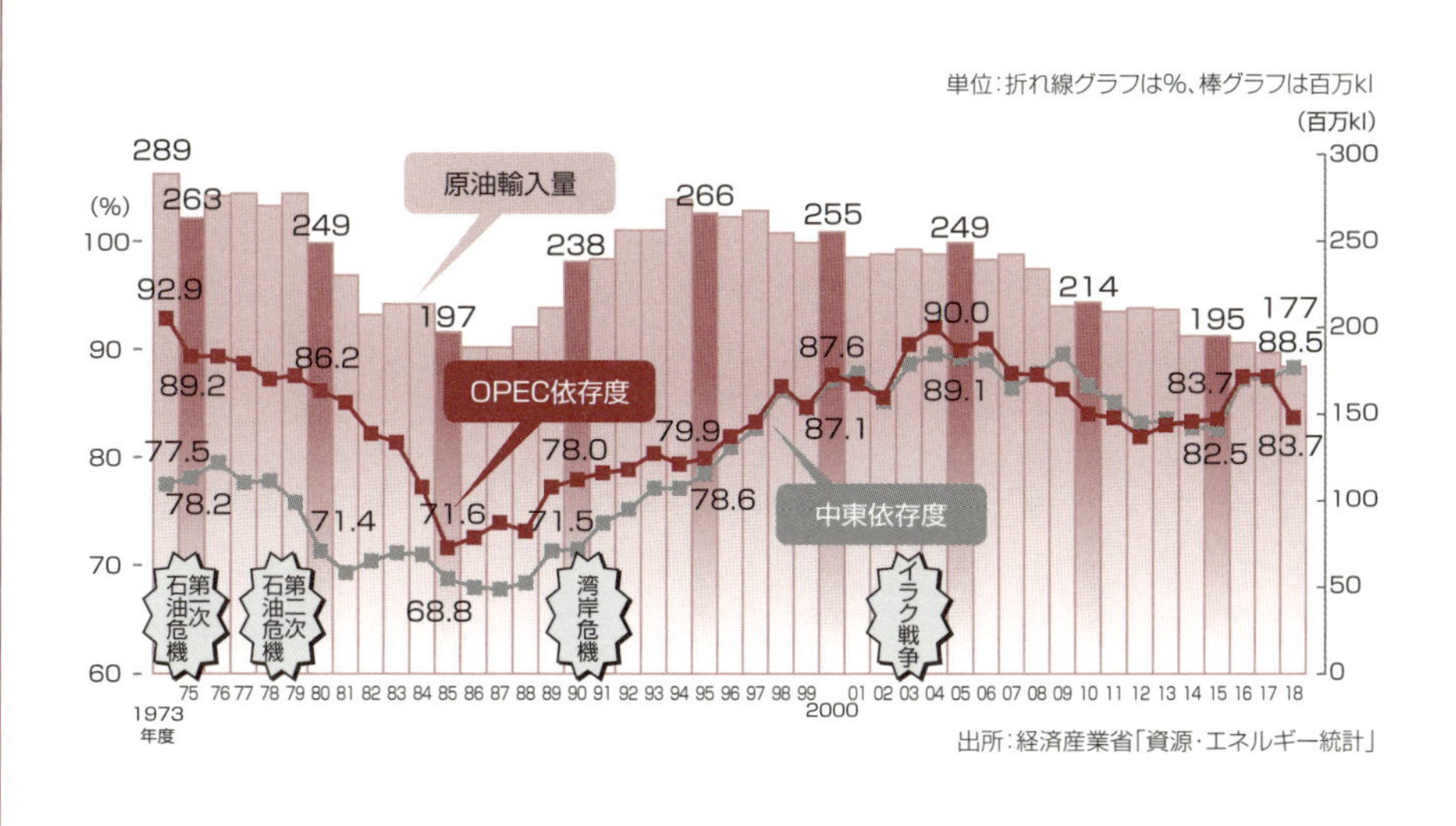

出所:経済産業省「資源・エネルギー統計」

2 タンカー輸送

産油国からわが国への石油輸送を支えるタンカーについて、その現状と課題を考えてみます。

VLCC

わが国が輸入する原油は、原油タンカーで輸入されます。中東原油の場合、**VLCC**(Very Large Crude Career)と呼ばれる20〜32万載貨重量トン(DWT)の巨大原油船で輸送されます。東南アジアからの場合、出荷設備の関係から、7〜10万トン級のタンカーが使用されている場合が多いです。

標準的な25万トン級のVLCCで、全長約300メートル、横幅約60メートルと、東京タワー(333メートル)横倒しの全長、甲板はサッカーコート3面分という巨大なサイズですが、船内は自動化が進んでおり、船員は20名程度で、日本人が乗船する場合も、船長、航海士、機関士のオフィサーのみで、一般乗組員は外国人(フィリピン人等)の場合が多いです。

中東から日本まで

中東産油国からの場合、日本までは、約1万2000km(6600マイル)、約21日間の航海で、VLCCは満船の場合、15ノット(27km/H)程度で航行します。途中、ホルムズ海峡、マラッカ・シンガポール海峡と二つの石油輸送上のチョークポイント(隘路)やインド洋等海賊の出没地帯も通ります。海賊多発地帯では、警備員の同乗を求めたり、海賊船の接近防止のため、舷側に消火栓で放水したりすることもあります。

タンカーは石油満載時には喫水(船底から海面までの高さ)が沈み甲板も低いが、空荷時には喫水が高く甲板も高くなります。マラッカ・シンガポール海峡では、水深が23mと浅く、満載時のＶＬＣＣの喫水は約20mなので、潮位によっては通過時刻の調整が必要になります。なお、１９７０年代には、32万トンを超える**ＵＬＣＣ**(Ultra Large Crude Career)も使用されましたが、喫水が深いため、インドネシアのロンボック海峡への迂回を余儀なくされていました。

タンカーの環境安全対策

年を経るに従い、環境や安全の確保に向けた関心は高まっており、タンカー関係についても、国際海事機関（ＩＭＯ）を中心に、年々規制が強化されてきました。

１９８９年のエクソン・バルディーズ号のアラスカにおける座礁事故を契機に、１９９６年の新造タンカーから、タンクの外壁を二重構造とする二重殻（**ダブルハル**）が義務付けられています。

タンカーには、通常の積荷保険と船体保険に加え、巨額の賠償が必要となる油濁事故に備えた油濁損賠賠償保険もかかっており、荷主である石油産業を含めた拠出制度があります。

チョークポイントの現状

3 わが国の原油輸入

次に、わが国の原油輸入の現状と今後の課題等について考えてみます。

高い中東依存

２０１８年度の原油輸入量は1億７７００万ＫＬ（３０５万ＢＤ）で、減少を続ける製品内需を反映して、年々減少しています。過去最高の１９７３年度の2億８９００万ＫＬから39％減少、バブル後のピークである１９９４年度の2億７４００万から35％減少しました。輸入国別でみると、２０１８年度は、サウジアラビア（38％）、アラブ首長国連邦（25％）、カタール（８％）、クウェート（８％）、ロシア（４％）、イラン（４％）、米国（6％）の順です。中東産油国への依存度は88％で、特に、サウジとＵＡＥの二カ国に63％依存しています。

一般論として、特定の産油国への過度の供給依存は、エネルギー安全保障上、リスクが大きいといえますが、サウジは世界最大の原油輸出国であり、また、ＵＡＥは利権操業を含めわが国石油開発会社が多数参入している友好国です。原油の輸出余力やわが国までの輸送距離（タンカー運賃）を考えると、サウジ、ＵＡＥ等の中東産油国への原油の供給依存は、止むを得ない面があります。また、国内製油所は、永年の経緯から中東原油の処理に適した設計・装置構成をしています。

輸入先の多様化

わが国においても、原油供給源の多様化の努力は行っているものの、十分な成果は挙がっていません。過去においては、１９８０年代中ごろ、インドネシア、中国、メキシコなど、非中東諸国からの原油輸入を増加させ、中東依存度を68％まで低下させたこともありましたが、これら3カ国は、いずれ新興国であり、経済成長に伴う国内石油需要の増加によって、絶対的な輸出量が減少し、再び中東依存度が高まっています。

このような状況の中で、近年注目されるのは、ロシア産原油の増加です。**東シベリア太平洋(ESPO)原油**と呼ばれ、ロシアの極東太平洋岸ウラジオストック近くのコズミノ港から積み出される原油で、2009年から出荷開始、毎年数量が増加し、2014年には輸入の9%に近いシェアを占めたこともありました。距離が近いことから、航海日数も3~4日と運賃も安く、軽質の良質な原油ですが、出荷量が限られ、中国がシェアを伸ばしているため、近年やや減少しています。

また、今後の増加が期待されるのは、2016年年末の約40年振りの原油輸出の解禁に伴う米国産原油の輸入です。既に、コンデンセート(天然ガス液、NGL)の輸入実績はありますが、今後、パイプライン・出荷設備の整備によるシェールオイル(タイトオイル)を含めた輸入の本格化が期待されます。なお、わが国の供給者別の原油輸入量は、産油国国営石油会社が圧倒的で、メジャー石油会社は激減しています。

わが国の国別原油輸入の推移

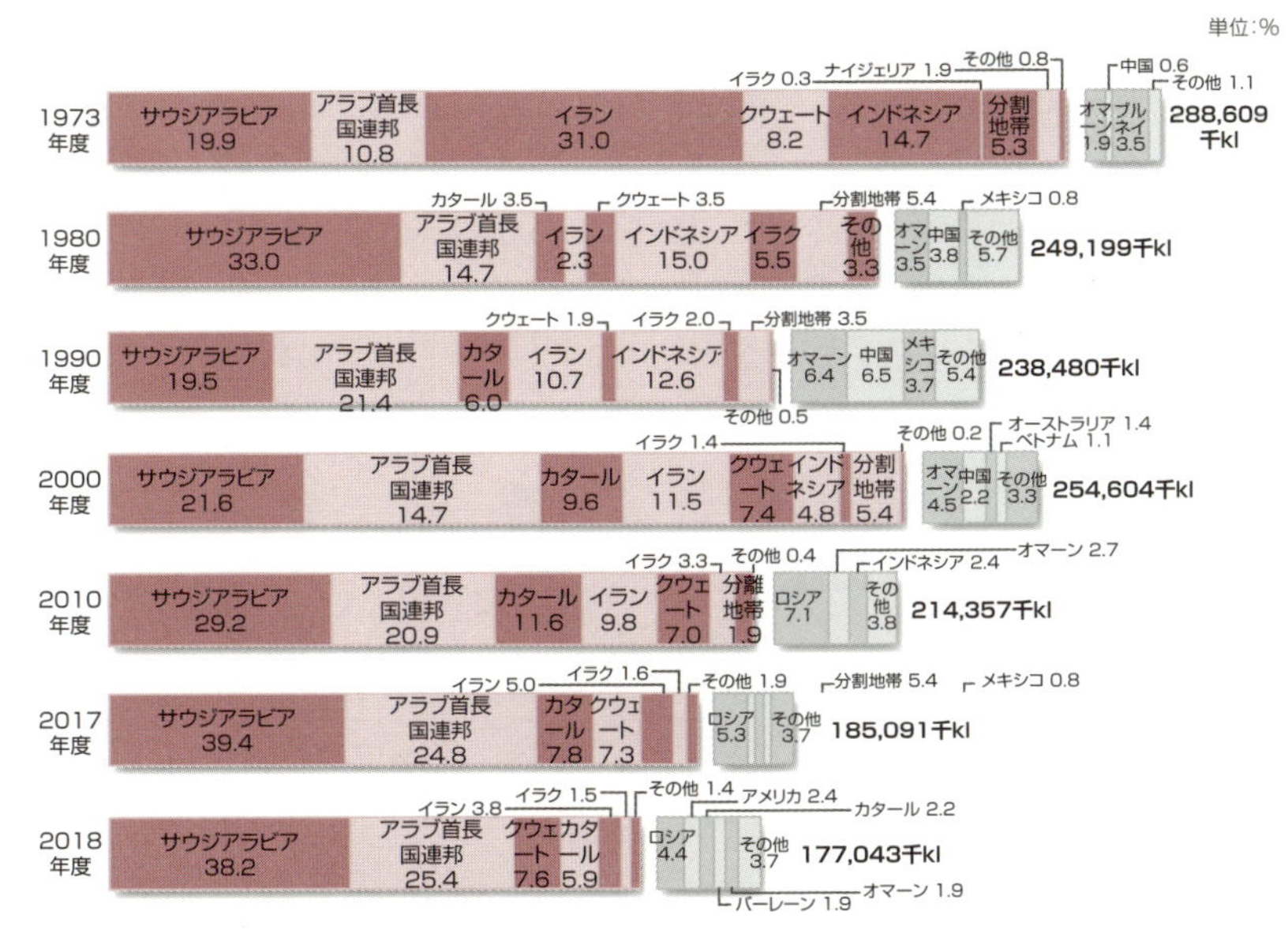

(注):四捨五入の関係により100%にならない場合がある　　出所:経済産業省「資源・エネルギー統計」

4 原油の種類と選択

原油は、産地や産出する地層によって、様々な種類があり、精製工程で生産できる製品の割合も異なります。原油の種類とわが国の石油会社がどのような考え方で、原油を調達しているか、紹介します。

軽質原油と重質原油

まず、原油で注目されるのは、その密度（比重）です。通常、軽い原油の方がガソリン等の付加価値の高い軽質石油製品が多く生産でき、価格も高くなります。また、石油業界では、密度（比重）を**API度**という単位で表すことが多いです。API度は、米国石油協会（API）が定めた指標*です。密度（比重）の逆数で、数字が小さいほど重質原油、大きいほど軽質原油を表します。

一般に、米国や北海は**軽質原油**が多く、中東原油は**重質原油**が多いといわれます。

また、軽質原油と重質原油の価格差を**重軽格差**といいますが、最近では、代表的な重質原油の産地であるベネスエラとイランが米国の経済制裁を受け、原油産出量が激減しており、重軽格差は縮まっています。

スイート原油とサワー原油

次に、原油の品質でよく議論されるのは、硫黄の含有分です。石油業界では、硫黄分の少ない原油を**スイート原油**、硫黄分の多い原油を**サワー原油**と呼んでいます。スイート原油の方が価格は高くなります。硫黄分の多い石油製品は、硫黄酸化物の排出が多くなるだけでなく、自動車のエンジン内では、排ガスを抑制するための触媒の働きを阻害することになるためです。

一般に、中東原油はサワー原油が多いです。そのため、わが国は世界有数の脱硫設備保有国であり、ガソリンや軽油のサルファーフリー化や船舶燃料の硫黄分規制にあたっても、諸外国と比較すると有利でした。

＊…定めた指標　APIは、米国石油協会（American Petroleum Association）のこと。
API度＝{141.5/（密度60/60° F）}－131.5

原油選択

内外の石油精製会社は、このように種々の原油がある中で、自社製油所の設備を踏まえ、自社に対する各製品の需要を「安定的」かつ「経済的」に充たすような原油を選択・組み合わせて調達することになります。特に、石油には連産品特性があり、特定の石油製品だけを増産できないにもかかわらず、消費者・需要家が必要とする量のエネルギーを合理的価格で供給する責務を有する石油精製会社にとっては、処理原油の選択は、石油製品の輸出入や製油所の設備構成の選択と並んで、需給の調整における重要な判断となります。

現在、わが国の石油精製会社の原油供給契約の8割は、原油調達面での安定供給を重視し、産油国国営石油会社との契約期間1年以上で更新が前提のターム(期間)契約です。したがって、残り約2割のスポット(当用)契約を機動的に活用して行く必要があります。スポット契約は、そのつどトレーダーや内外石油会社等から相対で契約しますが、通常、同油種のターム契約に比して、プレミアム(割増金)が付く場合が多いのです。

輸入原油の性状(2018年度)

●輸入原油の性状

地域	国名	輸入量 (kl)	構成比 (%)	API (60°F)	硫黄分 (wt%)
中東	サウジアラビア	67,695,379	38.2	36.32	1.61
	アラブ首長国連邦	44,894,178	25.4	38.01	1.22
	カタール	14,202,518	8.0	37.22	1.60
	クウェート	13,466,843	7.6	32.84	2.34
	イラン	6,664,356	3.8	31.77	2.11
	バーレーン	3,356,177	1.9	28.93	2.67
東南アジア	インドネシア	1,225,348	0.7	32.76	0.14
欧州	ロシア	7,785,624	4.4	36.63	0.34
北米	アメリカ合衆国	4,176,553	2.4	40.10	0.50
中南米	メキシコ	1,470,603	0.8	23.02	3.35
大洋州	オーストラリア	472,545	0.3	32.54	0.10
合計		177,042,853	100	35.89	1.51

●原油の分類

分類	API度
超軽質	39以上
軽質	34以上 39未満
中質	30以上 34未満
重質	25以上 30未満
超重質	26未満

5 石油製品の輸入

わが国では、永年、消費地精製方式に基づいて、原油輸入を主とし製品輸入を従としてきました。ここでは、製品輸出入自由化の経緯を振り返ってみます。

ナフサ輸入自由化

70年代2回の石油危機による原油価格高騰に伴う国内石油製品の価格指導と標準額設定によって、石油化学原料用**ナフサ**の価格は国際価格より高く設定され、国内石油化学業界は、素材不況の中、国際競争力を失うとして、①海外ナフサの輸入自由化、②ナフサへの石油税免除、③ナフサへの備蓄義務免除の3点を要求して、10年以上にわたり、石化業界と石油業界は対立を続けました(**ナフサ戦争**)。

結局、1983年に至り、通商産業省は、石油会社の代理商の形式で、石化業界の原料共同輸入会社の設立とナフサ価格の国際化を認めました。このときの石化業界の主張の核心は石油業法の消費地精製主義は、石油製品の国内価格と国際価格を隔離させているということでした。また、国内精製会社にとっては、ナフサの輸入自由化は、ガソリン需要の増加の中、軽質(揮発油)留分の需給調整の方法ともなりました。

特定石油製品輸入暫定措置法

80年代半ば、サウジ等の産油国で輸出製油所が相次いで運転開始されることから、国際エネルギー機関(IEA)では、新規製油所の生産製品の日米欧三極による円滑な受け入れの必要性が唱えられました。

そのための環境整備として、わが国では、1986年、ガソリン・灯油・軽油の輸入について、代替生産能力・品質調整能力・貯蔵能力の保有を要件とする、向こう10年間を期限とする**特定石油製品輸入暫定措置法**

（特石法）が制定されました。同法は製品輸入を拡大するものでしたが、輸入主体は実質的に石油精製会社に限定され、価格指導や標準額で形成されたガソリン独歩高の独特な国内製品価格体系は維持されました。

しかし、90年代の内外価格差の是正に向けた動きの中、特石法は当初予定どおり1996年3月末で廃止され、4月から製品輸入は自由化されることになり、石油業界では国内製品価格体系の是正が急務となりました。そのため、ガソリン価格の引き下げの一方で、灯油・軽油価格の引き上げが行われましたが、ガソリンの流通マージンが極端に圧縮され、ガソリンスタンド減少の契機となりました。

公取委の合併承認と市場裁定

2016年12月、公正取引委員会は、JXTGエネルギーと出光昭和シェルの2件の経営統合について、製品輸入促進措置を実質的な合併条件として、これを認めました。すなわち、製品輸入が円滑に進み、国内市場と海外市場間に価格裁定が行われれば、寡占による市場制限には至らないと判断したことになります。

わが国の石油製品別輸入量の推移

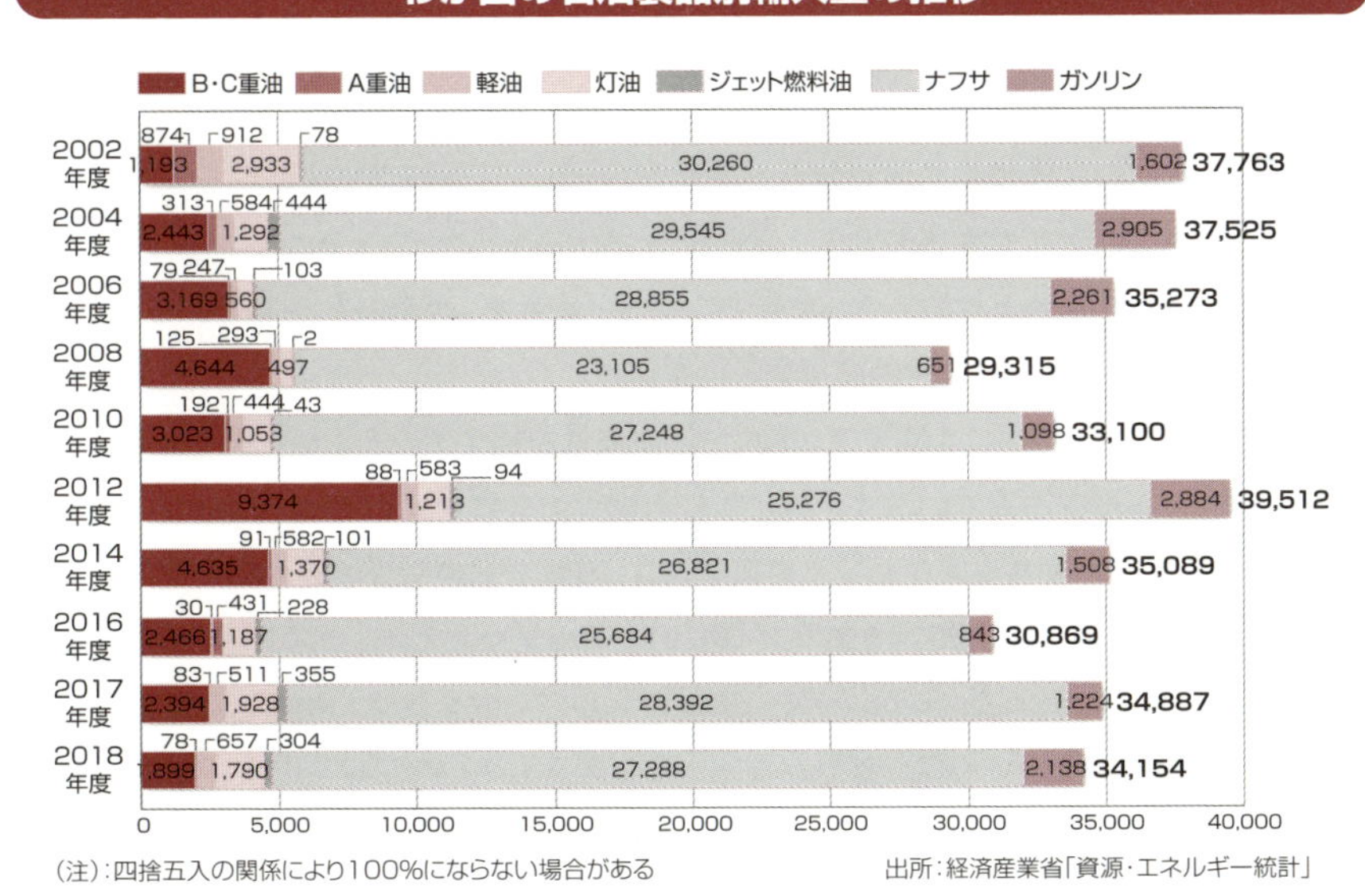

（注）：四捨五入の関係により100%にならない場合がある　　出所：経済産業省「資源・エネルギー統計」

無資源国の優位性

資源の世界には、「オランダ病」あるいは「資源の呪い」といった言葉あります。

オランダ病とは、1970年代北海の天然ガス開発に成功したオランダが、天然ガス輸出によって慢性的に貿易黒字となり、為替レートが自国通貨高となったため、国内産業が疲弊したことを言います。資源の呪いも、同様に資源輸出国では、国内産業が発達しないことを指します。

現在、石油埋蔵量世界一のベネズエラは、石油収入を背景とする放漫財政の後始末で、経済は破綻状態にあり、第2位のサウジアラビアは、石油依存脱却を目指して国内改革を進めているところです。カダフィ大佐による革命前のリビアのイドリス国王は、井戸を掘り、油が出ると人は働かなくなると嘆き、水が出ると人は働くと言って喜んだといいます。資源国に生まれた国民は、本当に幸せでしょうか？

わが国は、無資源国です。原油は99.7%を海外に依存しており、エネルギー自給率は11.8%（2018年度）に過ぎません。国の存立を資源のレントに依存できず、国民の勤労と知恵、自助努力で付加価値を作って行くしかないのです。

しかし、無資源国でも優位性はあるのです。

その時々の国際情勢や価格状況を見ながら、最も合理的なエネルギーミックスを作っていくことができるのです。おそらく、わが国の戦後のエネルギーミックスは、世界で最も合理的なものであったと思います。現在も、環境制約を踏まえて、白紙から、エネルギーミックスを構築できるのです。

環境先進国ドイツは大変です。国内に石炭産業を抱えているために未だに電源構成の40%が石炭を占めています。2028年に石炭火力発電所を閉鎖することを決めましたが、ドイツの著名シンクタンクの研究員は、日本で石炭労働者が暴動を起こすことなく炭鉱閉山ができた理由を教えてほしいと言っていました。

また、個人的には、エネルギー自給率はエネルギー安全保障の指標にはならないと思っています。石油の場合、備蓄が自給率に反映されていないからです。仮に、ホルムズ海峡閉鎖が行われたとしても、備蓄を取り崩しながら、世界各国とともに我慢すればよいのです。筆者は、一番怖い事態は、日本だけを標的とした差別的な取り扱いだと思っています。無い物ねだりはやめた方が良いと思います。

石油の精製

第8章では、石油の精製について考えたいと思います。

まず、製油所の役割としくみとわが国の製油所の特徴を概観します。次に、石油精製技術について、蒸留、改質、分解、脱硫の順に説明します。最後に、製油所の省エネルギー、環境対策、防災・安全対策を説明します。

この章では、石油の連産品特性を踏まえて、消費者・需要家の需要に合わせた、石油製品の生産を行う、石油産業のもう一つの需給調整を考えます。

1 製油所の役割と仕組み

原油は、発電等単純な燃焼の用途を除いて、通常、需要家や消費者の最終消費に供するためには、製油所(石油精製工場)で、石油精製工程を経て、ガソリンや灯油等の石油製品に精製する必要があります。

製油所の役割

原油は、特定の石油製品だけを作ることはできず、ガソリンから重油まで、あらゆる製品が一定割合ででてくる**連産品特性**を有します。

他方、消費者や需要家が必要とする石油製品の数量(構成比)は、時代や地域によって大きく異なります。一般に、経済社会が発展するにつれて、需要は重油(黒油)からガソリン・灯油・軽油(白油)に変化して行くといわれています。しかも、石油企業にとって、収益の点からも白油は高付加価値です。したがって、石油資源を無駄なく有効に活用し、経済性を確保するためには、原油から生産される石油製品の数量(構成比)を調整する必要が出てきます。また、石油製品は、環境面・安全面から、あるいは性能面から、一定水準の品質を確保しなければなりません。このように、原油から市場が必要とする石油製品の数量と品質を調整し、生産することが、**製油所**の役割です。

さらに、製油所は、石油製品の製造拠点としての役割とともに、近隣の需要家やガソリンスタンド、遠隔地の油槽所に向けて製品を輸送するための出荷拠点としての役割も持っています。災害発生時等に精製設備の運転が停止した場合でも、製油所が有する在庫石油製品の出荷を維持することが重要です。

製油所の仕組み

通常、大型タンカーで輸入された原油は、原油桟橋から荷揚げされます。また、水深の浅い海に面した製油所では、沖合に設置された栈橋から海底パイプラインで送られます。四日市などでは、沖合のブイに係留して荷揚げされています。原油は、大型の原油タンクに貯蔵され、静置、検尺の後、輸入手続きが行われます。

原油は、汚泥や水分・塩分等の不純物を取り除いた後、石油精製工程の最も基本的で最初の設備である常圧蒸留装置(トッパー)に送られ、ガス・ガソリン・灯油・軽油・重油等の基本的な留分に分けられます。そして、各留分に分けられた半製品は、ガソリン品質を向上させる改質装置や硫黄分を取り去る脱硫装置、ガソリン(軽質留分)を増産する分解装置などの**二次装置**に送られます。種々の石油精製工程において、運転条件の調整や種々の調合(ブレンド)等によって、必要な石油製品の数量や品質の調整が行われます。

こうして生産された石油製品は、それぞれ小型の製品タンクに貯蔵され、出荷を待つことになります。製油所の出荷設備としては、ローリー出荷場、製品出荷栈橋、タンク車出荷設備等があります。

なお、製造設備のエリアを**オンサイト**、荷揚げ・貯蔵・出荷の設備等のエリアを**オフサイト**といいます。

製油所のレイアウト(設備配置)

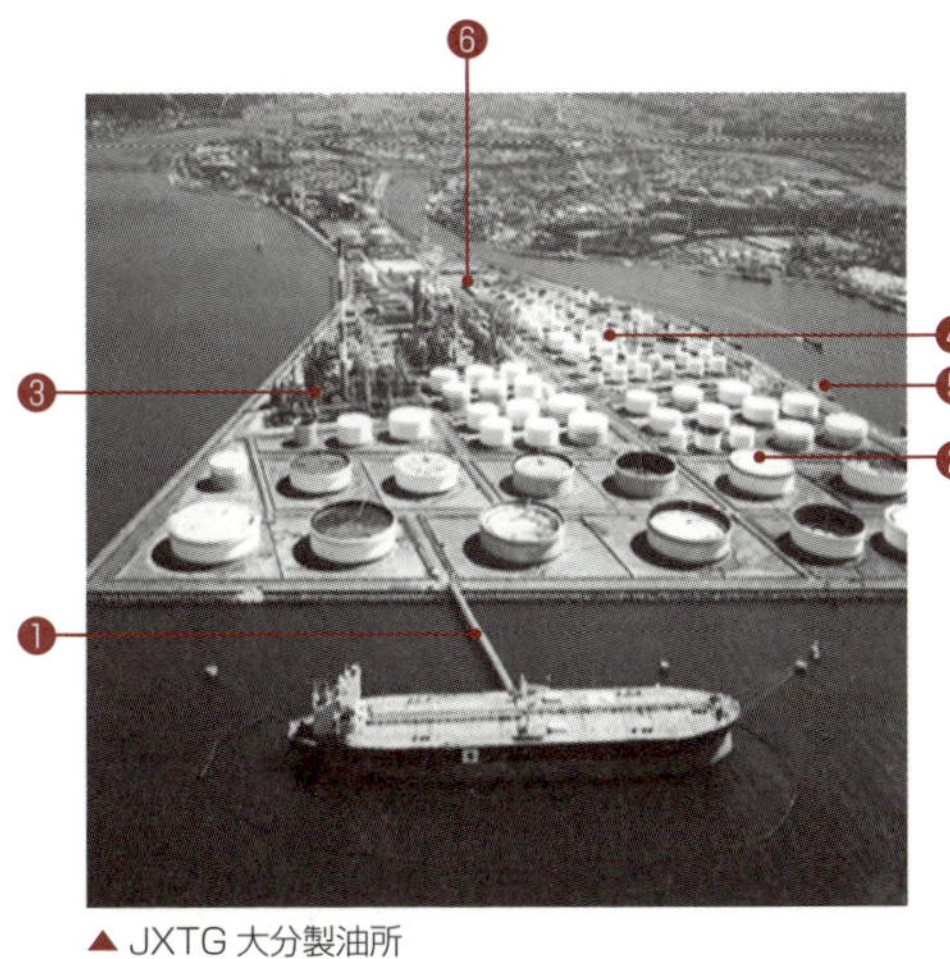

▲ JXTG 大分製油所

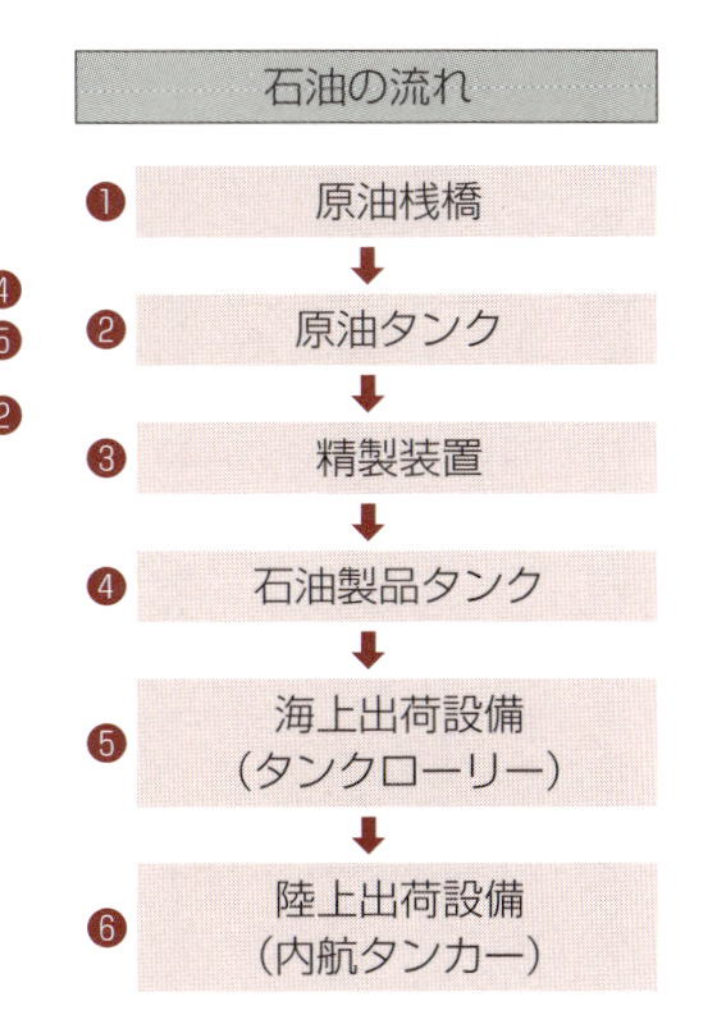

2 わが国の製油所

石油製品の生産拠点・出荷拠点である製油所について、わが国の現状と特長を紹介しましょう。

原油処理能力

わが国の製油所は、22か所、常圧蒸留装置能力日量３５２万バレル（２０１９年10月現在。通常、製油所の規模は常圧蒸留装置能力で表す。**原油処理能力**ともいう）で、２０１８年度の原油処理量は日量３０４万バレルで設備稼働率は86・４％でした。

近年、石油製品の国内需要の減少を背景に、２０１７年３月末、石油精製業の国際競争力強化と原油の有効活用の観点から、エネルギー供給構造高度化法に基づいて、過剰精製設備の廃棄が行われました。その結果、２００９年３月末から２０１７年３月末の間に原油処理能力日量４８９万（製油所29か所）から１３７万バレル（約30％）が廃棄され、設備稼働率は、欧米・アジア先進各国とそん色のない水準が実現されました。

わが国の製油所の特長

わが国の製油所は、建設年代が古く、最も新しい出光興産北海道製油所でも１９７６年です。また、１か所当たりの処理能力も日量16万バレルと、米国15万バレル、ベルギー14万バレルより大きいものの韓国59万バレル、シンガポール45万バレル、台湾33万バレルより規模が小さくなっています。

他方、内需構成の白油化が早かったこと、原油処理能力の削減が進展してきたこと、環境（品質）規制が厳格であったことから、周辺諸国に比して、ＦＣＣの装備率（処理能力比20％、同韓国12％、同シンガポール６％）や接触改質装置の装備率（処理能力比15％、同韓国

13％、同シンガポール11％）は大きく、需給調整能力や品質調整能力は高くなっています。

製油所の立地

わが国では、①消費地精製方式が基本であったため、大型原油タンカーが着桟できるバースが近くにあること、②石油精製工程で冷却水が大量に必要になるため、工業用水が容易に手当てできること、③製油所は生産拠点であると同時に出荷拠点であるため、製品輸送の観点から、大消費地に近いこと、などの立地条件が必要です。このため、製油所の分布は、苫小牧と仙台を除き、関東から伊勢湾までの太平洋岸と瀬戸内海のいわゆる**太平洋ベルト地帯**に集中しています。生産・出荷拠点の規模の経済（スケールメリット）を活かしつつ、輸送コストを削減して行くことが重要となります。

このように、製油所は、石油のサプライチェーンにおいて必ず通過しなければならない設備であり、石油精製は石油産業の結節点です。このため、わが国の石油政策においても、長年、石油精製業をその規制対象の中核にすえ、政策対象の中心にしてきたのです。

製油所の所在地と原油処理能力（2019年3月末現在）

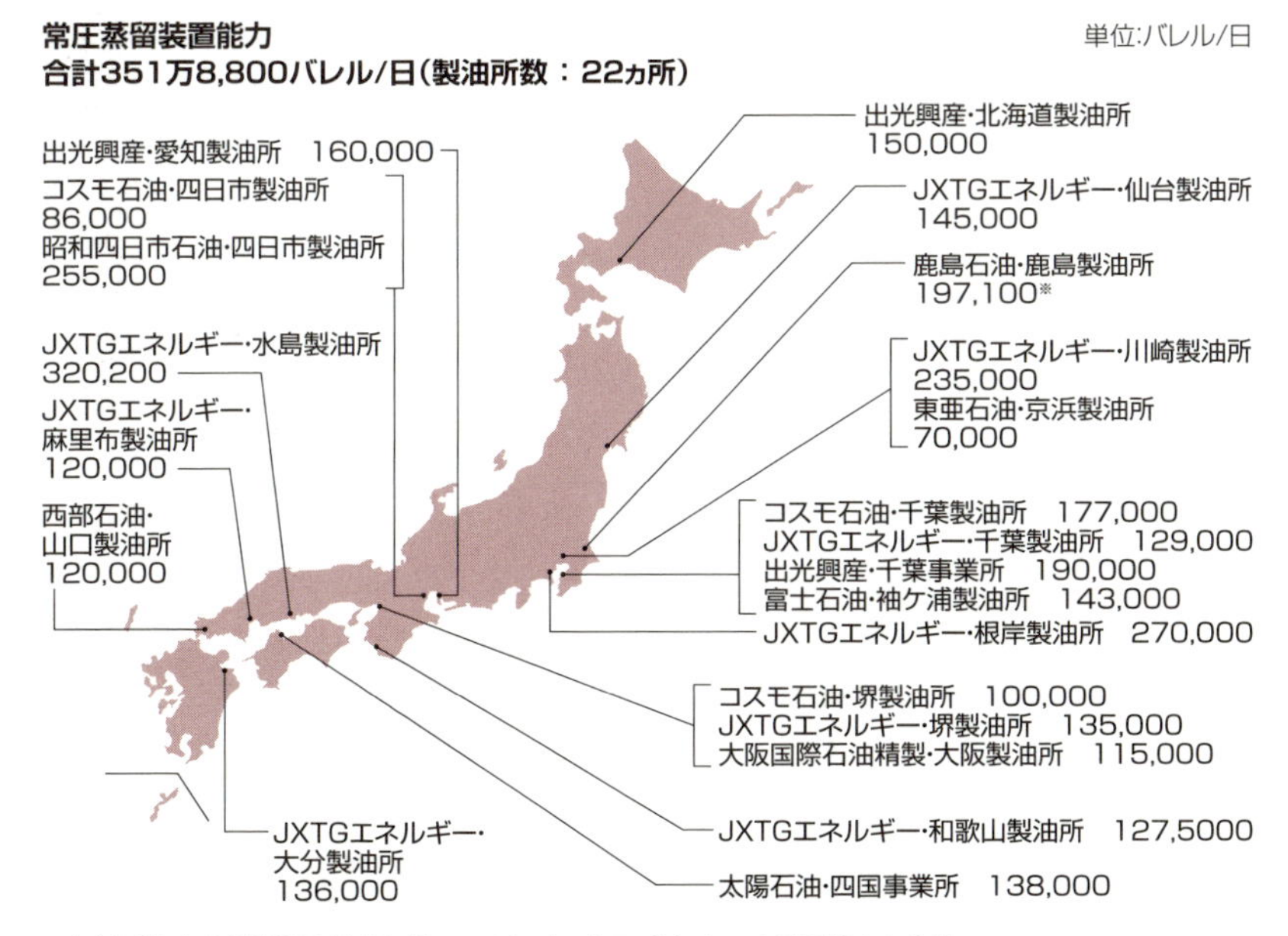

※鹿島石油・鹿島製油所の数字には、コンデンセートスプリッターの処理能力を含む

3 石油精製工程① 蒸留・改質

石油精製で、最初に行われる最も基本的なプロセスである「蒸留」とガソリン品質向上のための「改質」について説明します。

蒸留装置

原油は、製油所の原油タンクから、水や汚泥、そして塩分を除去した後、常圧蒸留装置に送られます。原油は300~350℃程度に加熱され、蒸留塔の下部に送られます。蒸留塔の内部にはトレイが多段に設置され、より沸点の低い成分が気体として頂部に上昇する過程で、トレイ各段の温度に見合った沸点の成分が液体として滞留し塔底には残渣油が貯まる仕組みとなっています。トレイ各段から留分を抜き取る構造で、上部から沸点の低い順に、ガス、ガソリン・ナフサ、灯油・ジェット燃料、軽油、残渣油(重油)に分けられます。

二つ以上の成分を沸点の違いによって分離させる操作のことを**蒸留**(Topping)といいます。

近代石油産業が誕生した1860年代当初は、蒸留酒製造用の蒸留釜が応用されたといいます。当時の石油の用途は、ランプ用の灯油と潤滑油が中心でしたから、ガソリン留分は余りものであり、直留の灯油留分と残渣油が取れればよかったのでしょう。その後、現在みられるような連続式の蒸留装置が発達しました。

通常、常圧蒸留装置から出たガソリン・灯油・軽油の各留分は脱硫装置に送られますが、残渣油は製油所の設備構成により減圧蒸留装置に送られる場合と直接脱硫装置に送られる場合があります。

減圧蒸留装置は、富士山頂で約90度で水が沸騰するように、気圧の低いところ(減圧下)では常圧より沸点が低くなるという性質を利用し、減圧下で常圧残渣油をさらに減圧軽油と減圧残渣油に分けます。

改質装置

　20世紀に入り、米国では自動車用ガソリンの需要が増加してきました。また、第一次世界大戦後、近代戦の遂行には石油が必要不可欠になりました。特に、航空用ガソリンには、高オクタン価のガソリンが求められるようになったのです。**オクタン価**とは、エンジンのノッキング（坂道などでエンジン内の不完全燃焼でカタカタという異常音が発生する現象）の起こりにくさを表す指数ですが、1939年には、オクタン価を向上させる**接触改質装置**（Reformer）が考案されました。

　分子構造を変化させることを**改質**といいますが、ガソリンの場合、同じ炭素数の炭化水素では、炭素が横に並んだ直鎖構造のものより亀の甲状のベンゼン環を含む芳香族の方が高オクタン価です。接触改質装置では、重質のガソリン留分を原料として、高温高圧下で触媒を使って、炭化水素分子の構造を変えることで、オクタン価を100程度まで上昇させます。ガソリン留分の改質は、石油製品の品質と付加価値を向上させる典型的な精製工程であると言えます。

製油所の原油常圧蒸留装置

●原油からできる様々な石油製品

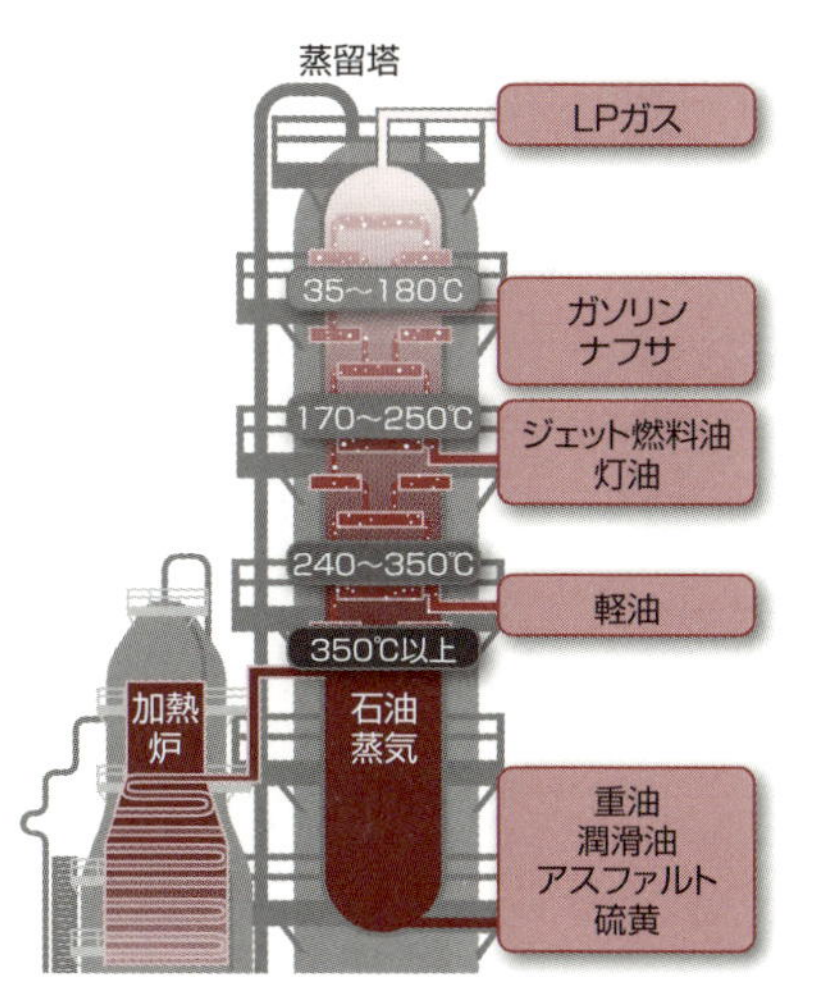

4 石油精製工程② 分解

石油精製工程で、重質油を軽質油に転換する技術である「分解」について、説明します。

分解装置

1930年代、米国では、自動車用ガソリンの需要増加に加え、第二次世界大戦で航空用ガソリンの増産が課題となりました。そのため、高オクタン価のガソリンが増産できる**流動接触分解装置**（FCC：Fluid Catalytic Cracker）が開発されました。大戦中のFCC開発は、原爆のマンハッタン計画と並ぶ米国の一大技術開発でした。

沸点の高い炭化水素（重質分、炭素分子数が多い）を沸点の低い炭化水素（軽質分、炭素分子数が少ない）に転化させることを**分解**といいます。すなわち、重油等の重質分を分解することで、ガソリン等の軽質分を増産するのです。分解装置には、①高温下で分解させる熱分解、②触媒を利用する接触分解、③水素気流中で触媒を利用する水素化分解の三種類がありますが、現在、最も多いのは、分解後のオクタン価が高く（92～96）、ガソリン収率も大きい（50～60％）、**接触分解法**です。通常、接触分解装置は間接脱硫軽油を原料としますが、今日では常圧残渣油を原料とする**残油流動接触分解装置**（RFCC）も増えています。

ガソリンについては、通常、オクタン価に着目しつつ、①常圧蒸留からの直留ガソリン、②高オクタン価の改質ガソリン、③重質油からアップグレードされた分解ガソリンをブレンドして製造されます。

わが国における分解装置

わが国でも、モータリゼーションの発達で、ガソリン増産の観点から、1970年代終わりから1990年代にかけて、FCCの増設が進みました。一般的な中東原油の残渣油得率は半分近くあり、1960年代から1970年代の高度成長期には産業用・発電用の重油等重質油留分の需要が半分近くで、得率的に需給はバランスしていました。しかし、1980年代からは、石油製品内需の構成比は軽質化(「白油化」)し、近年では、ガソリン・ナフサで半分を越え、重質油は1割程度です。同じガソリン留分から生産される石油化学用ナフサについては、内需比61%の製品輸入が行われているものの、基本的には国内精製中心であることから、分解装置による重質分の軽質分への分解が基本的な対応方法として機能しています。

さらに、中長期的には原油の増産余力は重質原油中心にならざるを得ない反面、内需構成の白油化は続くとみられることから、引き続き、分解装置の存在意義は大きなものがあると考えられます。それゆえに、エネルギー供給構造高度化法に基づく告示においても、対常圧蒸留装置比の分解装置能力の向上が目標とされたといえます。

石油精製工程（一例）

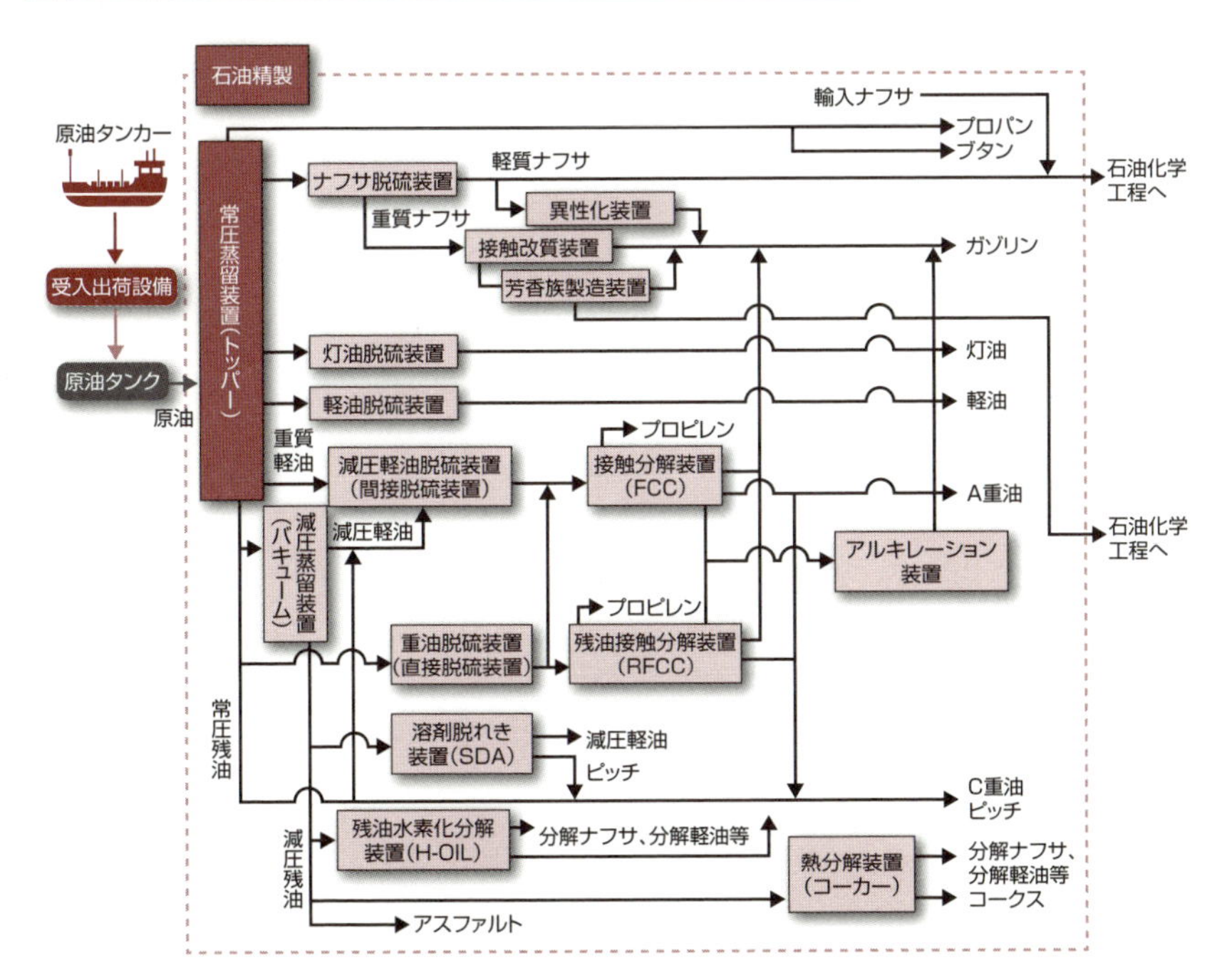

出所：経済産業省資料より

5

石油精製工程③ 脱硫

石油精製工程の第3回として、大気汚染対策としての「脱硫」について説明します。

脱硫装置

原油は、基本的に炭化水素化合物ですが、硫黄化合物も交じっており、石油製品消費時の大気汚染対策として、硫黄分を取り除くことが必要になります。

わが国の精製原油は、中東原油に依存せざるを得ませんが、一般に、中東原油は、重質かつ硫黄含有量が多いという短所があります。そのため、環境保全の観点から、わが国では、欧米に比べて、硫黄分を除去・低減する**脱硫**の工程が重要です。水素気流中で触媒を利用して**水素化脱硫**する方法が一般的です。

1970年代には、亜硫酸ガス低減のために産業用・電力用の重油について、減圧軽油を重油間接脱硫装置にかけた脱硫軽油を減圧残渣油とブレンド(調合)して重油を製造する**間接脱硫法**が導入されました。その後、常圧残渣油そのものを重油直接脱硫装置で脱硫する**直接脱硫法**も開発されました。間接脱硫法は運転条件が安定している反面、脱硫軽油を減圧残渣油とブレンドするため脱硫重油の硫黄分は1・3〜1・5%程度に止まります。他方、直接脱硫法は運転条件が厳しくコストもかかる反面、脱硫重油の硫黄分は0・1%程度まで落とせます。重油については、用途や消費地域によって様々な規格のものが作られますが、硫黄分と粘度を中心に、軽油などのカッター材(希釈材)を含めて、様々な基材をブレンド(調合)して製造されます。

サルファーフリー化

1990年代から2005年にかけて、自動車燃料中の硫黄分規制が強化され、軽油・ガソリンの脱硫が課題になりました。特に、ディーゼル排ガス低減対策の一環として、窒素酸化物（ＮＯＸ）と粒子状物質（ＰＭ）規制を実現するため、排ガス処理触媒の機能を阻害する軽油の硫黄分の10ＰＰＭ（０・００１％）以下への低減**サルファーフリー化**を世界に先駆けて２００５年に実現しました。同様に、ガソリンもファーフリー化されました。軽油やガソリンの脱硫も重油と同様に水素と触媒で脱硫しますが、従来より、反応圧力をより高圧にした**深度脱硫装置**が設置されました。

わが国では、灯油は、室内のストーブで直接燃焼させることから、脱硫が極めて大切であり、硫黄分は０・００８％以下となっています。

さらに、２０２０年１月からは、大気汚染防止のため、国際海事機関（ＩＭＯ）では、船舶燃料の硫黄分含有規制も実施しました。従来の硫黄分３・５％から世界全海域で、硫黄分０・５％以下に低減する必要があります。大部分の船舶が新規制適合油を使用するため、軽油のブレンドをはじめとした原料基材の多様化で、対応しています。

ガソリン・軽油の硫黄分の変遷

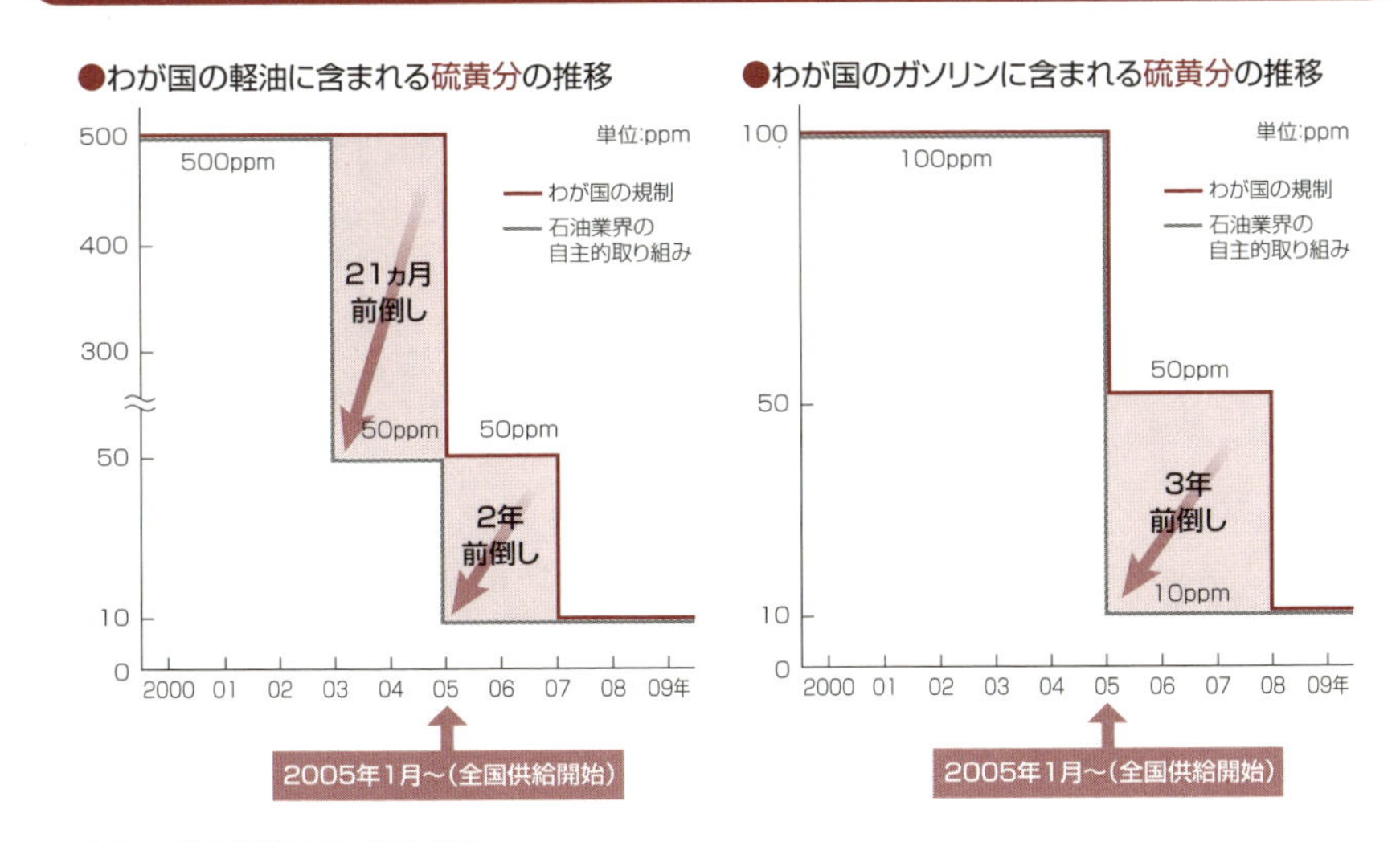

出所：石油連盟「今日の石油産業」

6 製油所の省エネルギー

製油所は、大量のエネルギーを消費していることから、徹底的なエネルギー使用の合理化、すなわち「省エネルギー」を推進しています。省エネルギーによって、地球温暖化対策の観点からCO2排出を削減するとともに、燃料コストを削減し製油所の競争力を強化するためです。

燃料消費とCO2排出

2017年度のわが国の製油所のエネルギー使用量は1万5706千KL（原油換算）でCO2排出量は3808万CO2-トン（わが国のCO2総排出量の3.4%）です（石油連盟調査）。ただ、石油精製業は、消費者や需要家の必要とする数量と品質の石油製品を供給する責務を有していることから、自らの経営判断だけでは、その生産量や排出量をコントロールできません。そのため、地球温暖化対策は、CO2総排出量抑制ではなく、省エネルギーを中心にせざるを得ません。同時に、国内の温室効果ガスのインベントリーにおいても、電力業界やガス業界とともに、**エネルギー転換部門**に分類されています。

省エネルギー対策

製油所における省エネルギーは、精製設備（精製工程）と用役設備（蒸気や電気等のユーティリティ）を主な対象として、装置間の相互熱利用拡大や廃熱等のエネルギー回収装置の増設、制御技術や最適化技術の進歩による運転管理の高度化、設備の最適な維持管理による効率化、高効率装置・触媒の採用など、多岐にわたっています。特に、製油所では、加熱炉が数多く設置され、燃料消費も大きいことから、熱管理における省エネルギーが重要であり、熱交換器の設置・高度化、熱相互利用、低温廃熱の回収などの対策が進められています。

ただ、現時点では、熱管理の改善による省エネルギーは技術的に飽和状態に近い状態になっており、ヒートポンプやコージェネレーション、再生可能エネルギーの設置、コンピューター制御の推進等の高度制御・高効率機器の導入による省エネルギーが中心になっています。

エネルギー効率の国際比較

こうした努力の結果、わが国の製油所のエネルギー効率については、米国のソロモンアソシエイツ社によると、世界の主要地域の平均値は、日本を100・0とした場合、アジアは100・3、欧州は100・4、米国・カナダは111・3となり、国際比較すると、同等ないし優位にあると評価されています。わが国の製油所の設備年齢が古く、アジア主要国の製油所の規模が大きい点から見ると、エネルギー効率の面で、わが国は健闘しているといえるでしょう。

石油精製能力と稼働率の推移

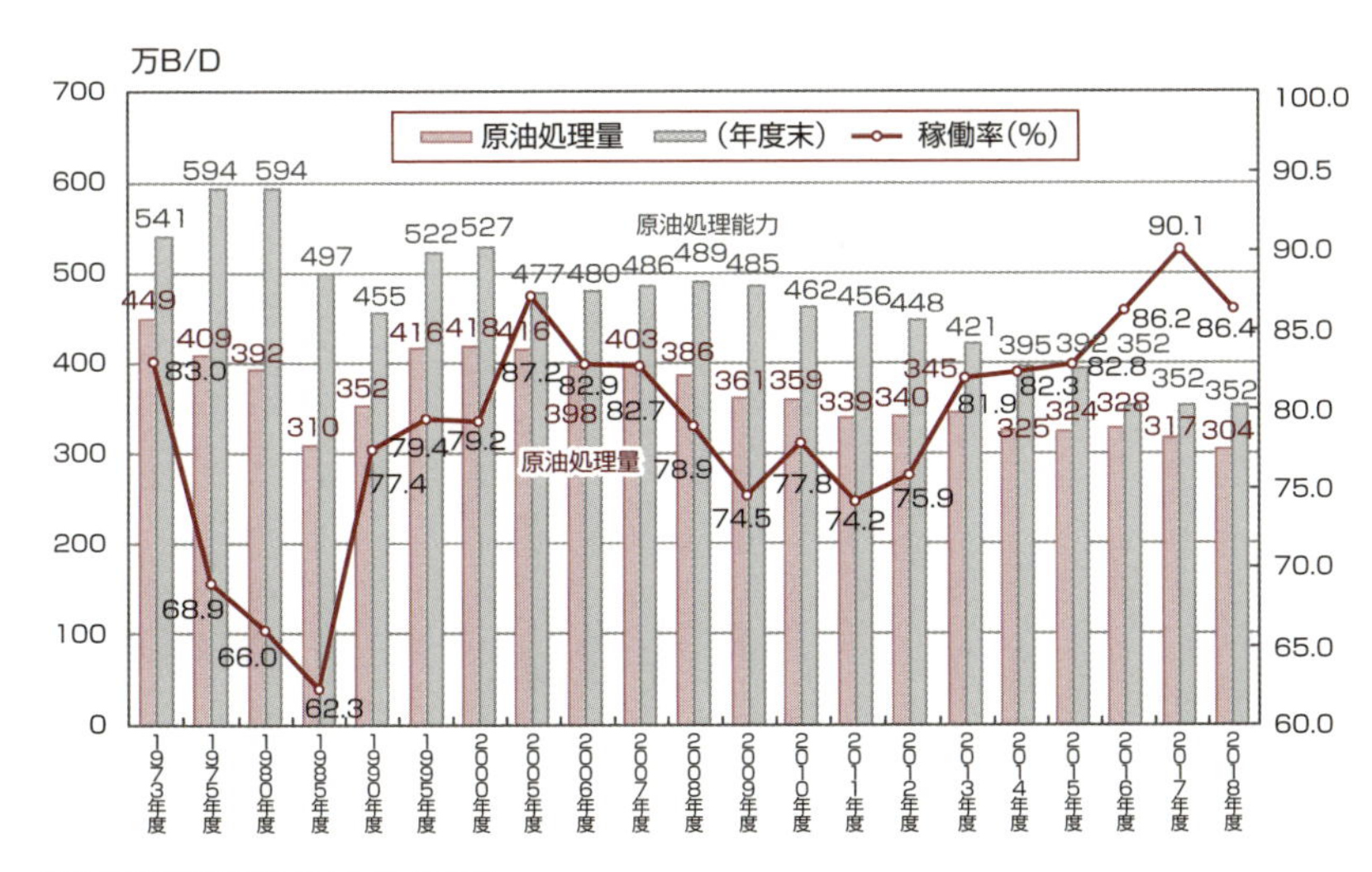

出所：経済産業省「資源・エネルギー統計」等

7 製油所の環境対策

製油所では、石油製品の製造のために、処理原油の3～5％相当の精製ガスや重油（残渣）を自家燃料として消費していることから、燃料消費に伴う環境対策を十分に講じる必要があります。

大気汚染対策

①硫黄酸化物（ＳＯｘ）対策

大気汚染防止のため、製油所では、ボイラーや加熱炉で発生するＳＯｘについて、燃料として硫黄分の少ない精製ガス（オフガス）や低硫黄重油を使用するとともに、排煙脱硫装置で回収しています。脱硫装置等製品の硫黄分を低減する装置からの排ガスも多量の硫黄酸化物を含有しているため、ガス洗浄装置にかけた上、硫黄回収装置で硫黄を回収しています。

②窒素酸化物（ＮＯｘ）対策

製油所で発生するＮＯｘを低減するため、低ＮＯｘボイラーや二段燃焼など燃焼方法を改善するとともに、排煙中のＮＯｘは排煙脱硝装置で除去しています。

③ばいじん対策

近年、自家燃料としてオフガスを可能な限り利用していることから、ばいじんの発生量は非常に減っています。ＦＣＣや石炭・重油を燃料とする大型ボイラー等には、サイクロンや電気集塵機等を設置し、ばいじんの排出防止に努めています。

④揮発性有機化合物（ＶＯＣ）対策

近年、浮遊粒子状物質（ＳＰＭ）や光化学オキシダントの原因物質として問題となっているＶＯＣについては、製油所では、主に貯蔵タンクや出荷設備から発生しています。そのため、炭化水素蒸気（ベーパー）の排出抑制のため、原油やガソリンのタンクは密閉構造にするとともに、出荷設備にはベーパー回収装置を設置しています。

水質汚染対策・廃棄物対策等

①水質保全

製油所では、大量の冷却水を使用していますが、冷却水は石油と直接接触しない間接冷却水です。工業用水は、循環再利用で、使用量を減らしています。海水を利用する場合には、油分が混じらないよう激しくチェックしています。また、プロセス上生じた排水は、オイルセパレーターで油分を回収し、化学処理や活性炭処理等を行い、排出しています。

②産業廃棄物

製油所では、廃油、汚泥、廃酸、廃アルカリ、ダストなど廃棄物が発生します。各社では、廃油は再精製したり、汚泥やダストはセメントの原材料に利用したり、可能な限り再資源化しています。それができない場合のみ、適切に廃棄処分としています。

③騒音・緑化対策

各種装置で発生する騒音は、タンク等の構造物や遮音壁、緑地等の活用により、適切な対策を行っています。また、敷地面積の約10%を緑地としています。

わが国の環境規制と石油業界の設備投資額

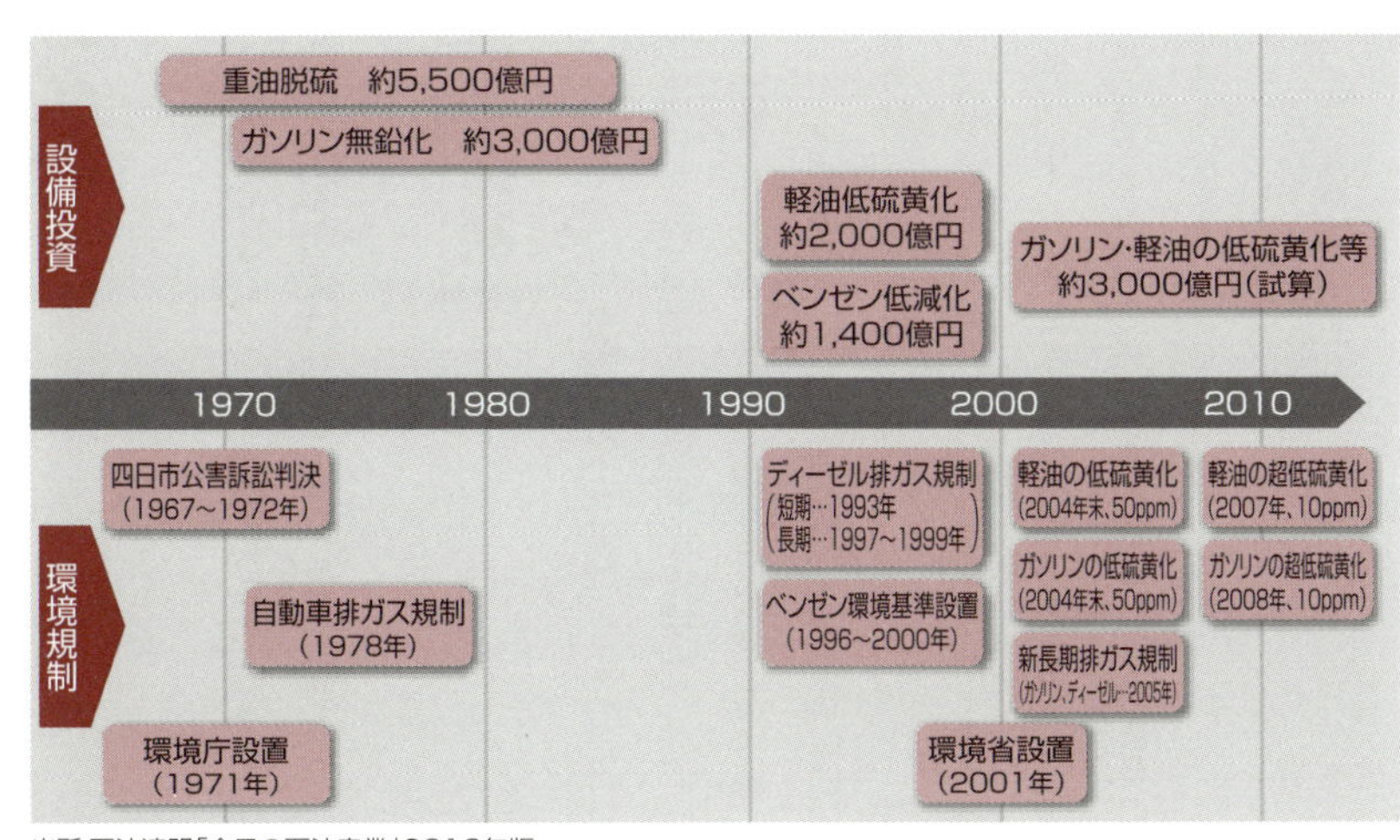

出所:石油連盟「今日の石油産業」2016年版

製油所の防災・安全対策

製油所では、原油・半製品・石油製品など大量の危険物を貯蔵・製造・出荷していることから、安全対策を最優先し、最新の技術による安全管理体制と不測の災害に備えた万全の防災体制を講じています。

安全防災設備

まず、ハード面の安全対策として、個々のタンクや生産設備については、関東大震災級の地震にも耐えられる耐震設計になっています。特に、わが国は世界有数の地震国であることから、耐震対策は重要です。さらに、設備のレイアウトも、設備から居住地域までの保安距離や敷地境界線までの敷地境界距離、設備周辺の保有空地などを十分に確保し、万全の対策を立てています。

また、万が一の石油漏えい事故に備えて、石油が海上や周辺道路へ流出しないように、タンク周辺には防油堤、設備周辺には防液堤、さらに製油所全体を流出油防止堤で囲むなど、二重三重の安全対策を講じています。

安全管理体制

また、ソフト面では、設備の保守管理を中心に、日常点検をはじめ、各種設備等の運転停止検査、タンクの定期開放点検など必要な点検・検査を確実に実施するとともに、安全管理マニュアルの設置、安全防災教育・定期的な訓練などにも取り組んでいます。さらに、緊急時の動員組織として、不測の火災や事故に備えて、大型化学消防車・高所放水車・泡原液搬送車で構成される**三点セット**を配備した防災組織が、24時間体制で出動に備えています。

十勝沖地震の教訓

2003年9月の十勝沖地震時の大型タンク火災

は、過去経験のない長周期地震動によるものとされました。そのため、将来の長周期地震動対策として、関係法令が改正され、浮屋根式大型タンクの安全性強化が措置されるとともに、浮屋根式タンクの全面火災対策として、全国12か所に、大容量泡放射システムを配備した関係業界による**広域共同防災組織**が設置されました。

工場夜景

最近、川崎、四日市，堺、水島などの石油コンビナートや製油所の夜景の美しさが注目されています。実は、工場のライトアップは、夜間の定期巡回が昼間と可能な限り近い条件で、安全かつスムーズに行うことができ、かつ異常があった場合に一刻も早く発見できるように、昼間に近い照度を確保するために行っているものです。

安全対策の一環としての措置が向上の夜景の美しさの理由となっています。

石油製品の用途別国内需要（今日の石油産業）

単位：千kl

製品＼用途	ガソリン	ナフサ	ジェット	灯油	軽油	重油	原油	LPガス	潤滑油	合計
自動車	51,768				32,538			1,709	544	86,559
航空機	3		5,002							5,005
運輸・船舶					680	3,367			76	4,123
農林・水産				1,408	248	3,072				4,728
鉱工業	62			3,233	24	6,312		6,016	811	16,458
都市ガス								2,018		2,018
電力					149	5,605	1,247	331		7,332
家庭・業務				12,000		3,994		11,607		27,601
化学用原料		45,100			181		289	5,022		50,592
合計	51,833	45,100	5,002	16,642	33,820	22,350	1,536	26,703	1,431	204,418

（注）：1. 記入用途例は、産業活動および国民生活のうち「身近なもの」の一例
2. 四捨五入の関係により合計が一致しない場合がある
出所：石油連盟

地球温暖化対策は投票で決まる

2016年11月のパリ協定の発効以降、世界各国では、地球温暖化対策への取り組みが一段と強化され、先進国においては、相次いで、2度目標（可能ならば1.5度）実現に向けて、2050年温室効果ガス排出の80％削減ないしネットゼロの方向を打ち出しています。

しかし、その一方で、米国のトランプ政権はパリ協定から離脱、フランスではマクロン大統領は有権者の抗議（イエローベスト運動）で、炭素税（燃料税）の増税提案を撤回せざるを得なくなりました。おそらく、これまでの温暖化対策は、省エネや代替エネルギーの活用で、有権者への痛みがほとんどなかったものが、徐々に痛みが感じられるものになって来たからであると思われます。石炭を敵視する米国の民主党の政策に石炭労働者が反旗を掲げたり、炭素税や排出権価格の支払いを拒否する人が出てきたと言うことでしょう。ドイツでは、2028年に石炭火力発電所を閉鎖して国内石炭産業を閉じる方針を打ち出しましたが、産炭地振興に今後5兆円をつぎ込むことを約束しています。

米国連邦準備制度理事会（FRB）の議長を務めたグリーンスパン氏は回顧録で、地球温暖化対策がスムーズに進むのは、人々の雇用や所得に影響が出ない範囲内であると述べています。まさに、温暖化対策が、自分を含め身近な人々の雇用や所得に影響を与える段階に来たということでしょう。

つい最近まで、環境のクリーンイメージは「票」になるとされてきましたが、人々に痛みが出る段階に来ると必ずしもそうではないことになります。温暖化対策を進める場合には、そうした痛みに対する十分な配慮が必要な段階に入ったのです。

地球温暖化のメカニズムの蓋然性は十分に理解できます。しかし、科学的な因果関係は、最終的に十分に証明されている訳ではありません。したがって、地球温暖化対策がどうあるべきかは、民主的手続きに則って、有権者の投票で決まる問題であると、個人的には思っています。

石油製品の流通と販売

石油製品の流通と販売について取り上げます。

まず、広義での流通に含まれる物流について、油槽所の役割、合理化、輸送手段を概観します。次に、狭義の流通である商流の諸問題と石油製品の価格決定を振り返ります。最後に、石油産業のサプライチェーンのアンカーであり、石油安定供給の最終拠点でもある給油所（ガソリンスタンド、ＳＳ）の現状と課題を考えたいと思います。

1

石油製品の物流

石油の流通には、モノの動き（輸送）という「物流」とカネの流れ（商取引・契約関係）という「商流」（狭義の流通）という2つの側面からの見方があります。まず、前者の「物流」について、取り上げます。

国内物流の概要

石油製品は、一般消費者（家庭）・需要家（企業）のもとに届くまで、精緻なロジスティクスが構築されています。生産・出荷拠点である製油所からは、輸送コスト削減のため、タンクローリーの輸送距離と輸送容量との見合いで、可能な限り、製品をガソリンスタンドや需要家に直送しています。他方、北海道や東北、日本海側等の遠隔地は、拠点都市に中継基地となる油槽所（オイルターミナル）を設置して、製油所から内航タンカーやタンク車（鉄道貨車）で一次輸送を行い、油槽所で貯蔵、タンクローリーに積み替え、ガソリンスタンド等に二次輸送しています。また、製油所近隣の石油化学工場、発電所等の大口事業所に対しては、原燃料を導管で直接供給しています。

油槽所の役割

油槽所は、青森、新潟、境港、高知等の臨海部だけでなく、松本、高崎、郡山、盛岡等の内陸部にも立地しており、一般に、臨海油槽所は大規模、内陸輸送所は小規模で、前者には内航タンカーで、後者にはタンク車で配送されます。主な設備として、油槽所は、内航タンカーやタンク車からの受入施設、各種製品タンクの貯蔵施設、タンクローリー等の出荷施設からなります。

このように、油槽所の主な役割は、①石油製品の中継基地ですが、②灯油・重油等の季節商品の備蓄（貯蔵）基地、③海外石油製品の輸入基地などの役割も有しています。

物流合理化の取り組み

元売各社では、経営合理化の一環として、運賃や施設費など物流コストの削減に努めています。同時に、需要減少に対応した規模縮減、また、環境問題の観点からも、交錯輸送の排除や渋滞緩和など、物流の合理化は重要です。そのため、各社では、受発注業務のオンライン化による配送の制度化（多頻度配送や臨時配送の排除等）、輸送手段の大型化、出荷拠点の規模・配置の見直しなど、製品配送の最適化を進めました。

さらに、物流合理化のため、石油製品の品質や規格が均一である点を利用して、会社の枠を超え、輸送手段・物流施設の共同利用、石油製品の相互融通を拡大しています。油槽所施設の共同利用としては、内陸油槽所を中心に8か所の日本オイルターミナルと臨海部24か所の東西オイルターミナルが典型例ですが、受け入れ桟橋等の施設を共同で利用する例もあります。製品の相互融通としては、元売2社が出荷拠点を有する2地域間で、同量・同品質の製品を相互に融通出荷（等価交換）する**地域バーター**（交換ジョイント）があります。

わが国の石油製品の物流（イメージ）

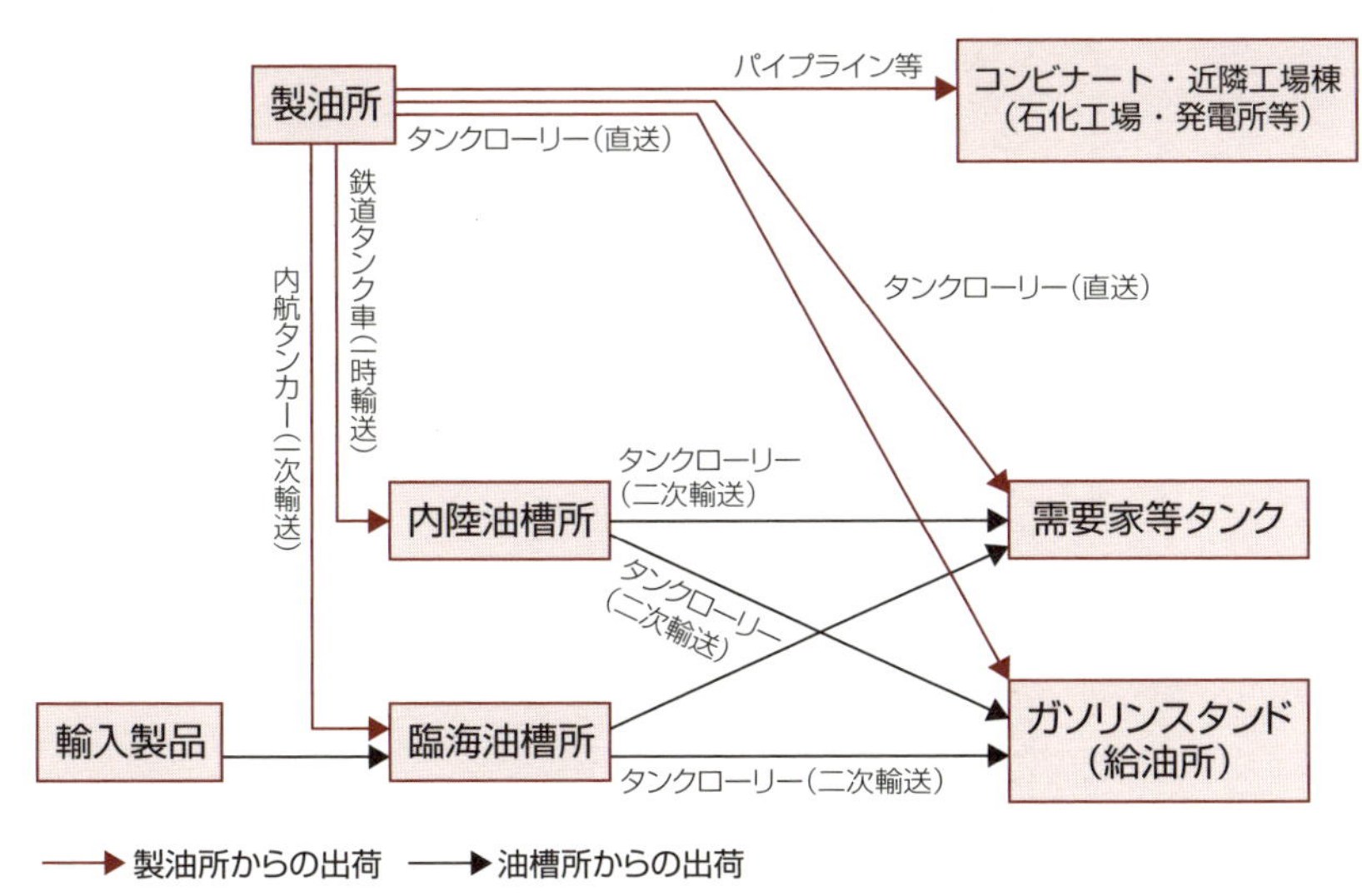

2 石油製品の輸送手段

次に、物流の役割を担う石油製品の輸送手段について、見てみましょう。

内航タンカー

中長距離を大量のロットで経済的に輸送しうる一次輸送の手段です。一隻当たりの平均積載容量が約２２００ＫＬと大量輸送が可能ですが、現在、船員の高齢化と確保が大きな課題となっています。石油の国内需要の減少に伴う船腹過剰が大きな問題となっていましたが、徐々に改善されてきました。石油タンカーは、大別して、ガソリン・灯油・軽油等を運ぶ**白油船（クリーンタンカー）**と重油・原油等を運ぶ**黒油船（ダーティータンカー）**に分かれています。２００７年の中越沖地震や２０１１年の東日本大震災に伴う原発の運転停止時の石油火力発電所の稼働増強に当たっては、電力用重油を積む黒油船が不足し、その確保が課題となりました。

タンクローリー

ガソリンスタンドや需要家タンクまで届ける、製油所からの直送、油槽所からの二次輸送のための、迅速かつ機動的な小口の輸送手段です。近年では、油槽所の合理化、積載容量の大型化、高速道路網の整備等により、輸送距離が延び、輸送手段としての役割を増しています。特に、規制緩和の進展と安全対策の拡充で、最大30ＫＬ積みまで許容され、平均でも約20ＫＬまで積載容量の大型化が進んでいます。通常、タンクローリーは運送会社が保有していますが、石油元売会社と専属契約を結び、車体には元売のブランドマークを掲げています。なお、原則として、長大トンネル（５ｋｍ以上）と水底トンネルの通行は禁止されています。

タンク車

内陸油槽所、大口需要家向けの安定的かつ環境性能に優れた輸送手段です。一両当たりの積載容量は、50KLないし60KLで、20両編成で平均的な内航タンカーの半分程度の輸送力を有します。ただ内陸油槽所の統廃合で、輸送の数量は減少、タンク車出荷設備のある製油所も減っており、横浜・川崎から東北・関東の内陸油槽所、四日市から松本等の路線に限られています。

パイプライン

一般に、コンビナート内で製油所から近隣事業所に直接供給する導管のことを**パイプライン**といいますが、パイプライン事業法の「パイプライン」とは意味が異なります。同法上のパイプラインは、多くが天然ガス用ですが、石油用としては、唯一、千葉港と成田空港の47kmを結ぶジェット燃料輸送用の成田パイプラインがあり、送電線やガス導管と同様に、第三者利用が保障されています。パイプラインは、安定的かつ大量輸送が可能で、海外では積極的に利用されています。

石油製品の物流手段（比較表）

輸送手段	輸送実績	シェア	台数	総容量	平均容量
内航タンカー	118百万KL	46%	612	1,353千m^3	2,211m^3
タンクローリー	99百万KL	39%	6,814	120,808トン	17.7トン
鉄道タンク車	8百万KL	3%	1,460	64,818トン	44.4トン
パイプライン	32百万KL	12%	−	−	−
合計	256百万KL	100%	−	−	−

注：2014年推定。　出所：各種資料から著者作成

3 石油製品の商流

石油製品の国内流通をカネの流れ(契約関係)から見た「商流」(狭義の「流通」)と販売を取り上げます。特に、主力製品であり、独特の流通形態を持つガソリンについて、紹介します。

直売と特約店販売

石油製品の販売形態は、民生用燃料と産業用原燃料で異なります。通常産業用の石化用ナフサやジェット燃料、産業用・船舶用・電力用の重油、大口需要家向け軽油等は、元売会社により直売されています。他方、民生用のガソリンや灯油は、石油元売会社から、特約店等に卸売りされ、さらに消費者に小売りされます。

系列販売(系列玉)

ガソリンの国内販売の大部分(約85%)は、石油元売会社から、系列特約店を経由して、特約店の有する給油所(ガソリンスタンド)ないし傘下の系列販売店の給油所で小売りされています。**石油元売会社**とは、「自ら石油精製を行い、または出資等により密接な関係を有する石油精製会社が生産する石油製品を継続的に引き取り、かつ②広域に所在する自社系列の給油所で、自らの商標(ブランド)を付したガソリンを系列販売店等に販売させている会社(現在5社)」をいいます。

また、**系列特約店**とは、「元売会社から商標使用許諾された事業者のうち、元売会社と直接石油製品を購入する契約を結んでいる事業者」、**系列販売店**とは、「元売会社から商標使用許諾を受けた事業者のうち、系列特約店を介して石油製品を購入している事業者」をいいます。系列特約店は、一般特約店、販売子会社、商社系特約店、全農系特約店の4つに分類できます。ガソリンの国内販売のうち、一般特約店経由は約5割、元売り会社が出資する販売子会社経由は約2割、商社系特約店と全農系特約店で約1割を占めます。これら、系列特約店向けの販売を系列販売、系列販売用として出荷された石油製品は、系列玉といわれます。

系列外販売（業転玉・非系列玉）

元売会社等から、系列特約店以外の商社・全農・独立系事業者向けの販売を**系列外販売**といいます。非系列販売用として出荷されたガソリンは、**業転玉**（業者間転売玉の略）といわれ、わが国のガソリン出荷の13.5％を占めます。

従来、石油製品の連産品特性から、需給状況によって発生する余剰品が業転玉として流通するといわれてきましたが、実態は、ロングポジション（精製能力が販売能力を上回る状態）の外資系元売会社が経営戦略ないし親会社による輸出制限によって、20％を超える非系列玉が出荷されていました。しかし、業界再編によって、外資系二社が、ショートポジション（精製能力が販売能力を下回る状態）の民族系元売会社と合併したため、非系列玉が吸収された形となり、過去、安売りの元凶とされてきた非系列玉（業転玉）が激減しました。

おもなガソリンの流通経路

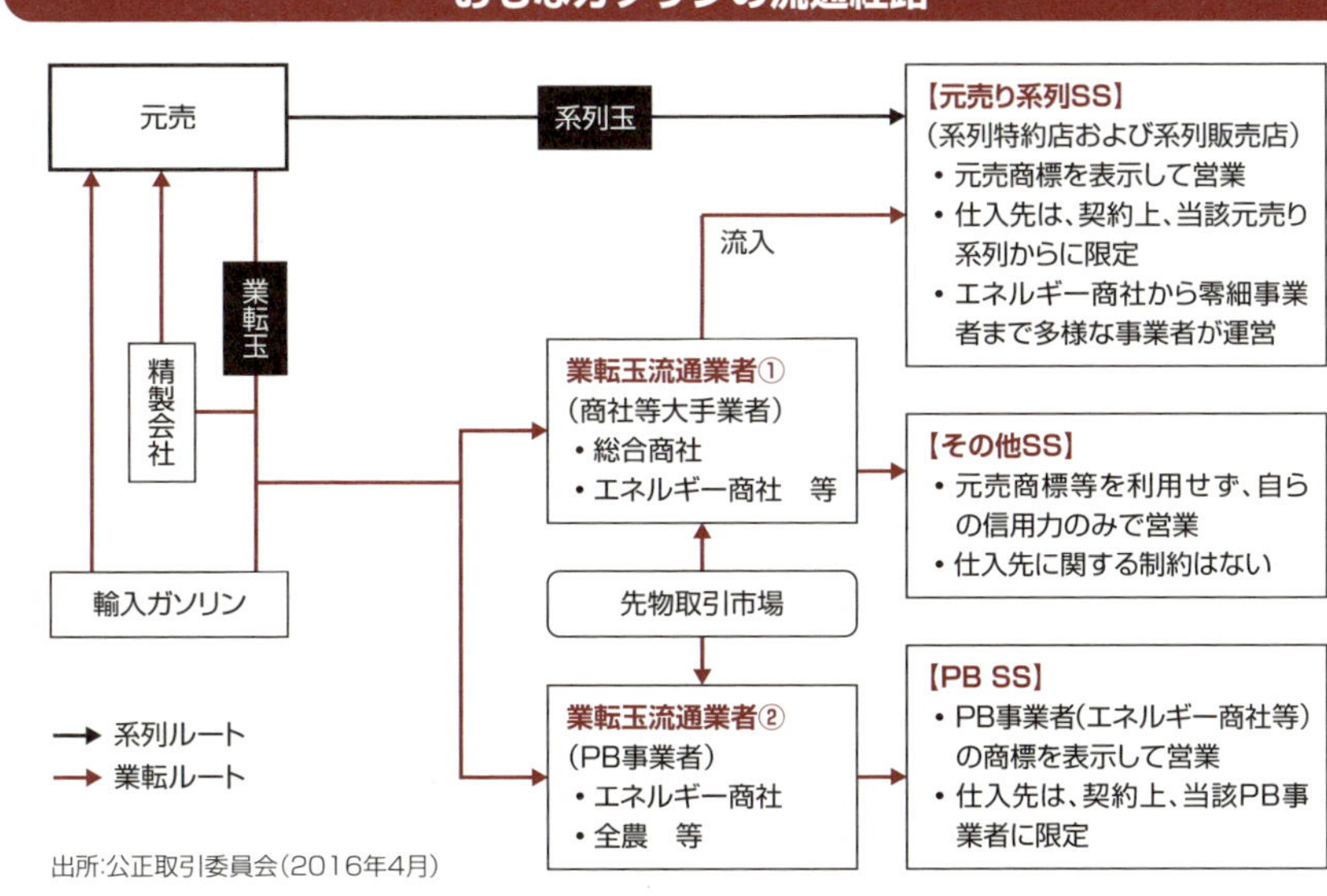

出所：公正取引委員会（2016年4月）

4 商標の役割と系列回帰

最近の業転玉激減により、独立系のプライベートブランド（PB）店や業転玉を取り扱っていた系列店に、系列入りや業転離れ等の系列回帰の動きが出ています。系列販売の意味、商標の役割等を考えてみましょう。

商標の役割

一般に、独占禁止法上、仕入先の制限（専売契約）は、拘束条件付き取引として、不公正な取引方法に該当し違法です。しかし、独禁法上、正当な商標権の行使については独禁法の適用除外とされているため、元売会社と系列特約店・系列販売店の間では、商標使用許諾契約が結ばれ、当該元売の商標（ブランド）の下での自社出荷品以外（他社出荷品）の販売は禁止されています。

商標が有する、①出所明示機能、②品質保証機能、③経営支援機能、④安定供給機能等を含めて、社会経済的に有意義な機能について、法的な保護を与えるとの趣旨で、独禁法の適用除外とされているのです。例えば、サインポールに対する消費者の信頼、揮発油等の品質の確保等に関する法律（品確法）等の品質保証や製造物責任（PL）法上の責任担保、あるいは広告宣伝、カード決済システムやPOSシステムの利用、マニュアルの活用、制服の着用、金融支援等の便益が提供される見返りとして、系列特約店・販売店にはブランド料の支払いと他社出荷品の取り扱い禁止が求められています。ただし、公正取引委員会は、他社出荷品の取り扱い禁止について、「直ちに独禁法上問題となるものではないが、一方的に取引を停止する等により、不当に不利益となるような行為は、独禁法上問題になりうる」としています。

業転玉・系列玉の格差

過去、業転玉が十分流通していた頃には、業転玉と系列玉の間に大きな価格格差があり、系列特約店・販売店には、業転玉取り扱いのインセンティブがありました。しかし、業転玉の流通が量的に激減し、業転玉と系列玉間のブランド料相当の出荷価格の格差が3円以下に縮小したともいわれ、そうしたインセンティブはなくなりました。

また、系列取引は、継続的取引を基礎とする安定供給の意義も大きいです。特に、地震や台風等の大規模災害時の継続取引店への出荷の優先順位は高いことも、元売回帰の動きの背景あると見られます。

サプライチェーンのアンカー

石油のサプライチェーンは、石油製品を消費者・需要家に販売することで完結します。産業全体として見れば、その代金を確実に収受することで、初めて最終的にコストを回収、利益が実現できます。その意味からも、石油元売会社にとってお客様（消費者）との接点であり、サプライチェーンのアンカーであるガソリンスタンド（SS）との良好な取引関係の維持は極めて重要です。

流通経路別ガソリン販売量

出所:資源エネルギー庁

5 石油製品価格体系の変遷

第1次石油危機以降のガソリンの価格形成の変遷を振り返ってみましょう。

ガソリン独歩高の価格体系

1973年10月、**第一次石油危機**が発生し、原油価格の高騰に対応して、わが国政府は、石油元売会社に対し石油製品卸売価格の凍結を要請しましたが、1974年3月には行政指導（閣議決定）に基づく卸売価格（全油種平均8900円／KL）引き上げを認めました。しかし、家計への影響・産業競争力に配慮した形で引き上げ幅に油種別の傾斜を付け、灯油は据え置き、C重油は7600円／KL、石化ナフサは8000円／KL、ガソリンは17100円／KL引き上げとしました。この価格指導は、その後のガソリン独歩高の製品価格体系の基礎となり、ガソリン販売の過当競争の原因となりました。

月決め方式と新価格体系

湾岸危機で原油価格が高騰し、行政指導に基づき、1990年9月から、石油元売各社は**月決め仕切り価格改定方式**を導入、ドル建て原油積込（FOB）価格と為替レートの前月対比のコスト変動をそのまま毎月の仕切価格に反映させました。この方式は、基本的には、2008年9月まで続きました。その間、1996年4月の製品輸入自由化に伴い、製品価格体系を国際化するため、ガソリン・軽油・灯油の税抜き価格をほぼ同一とする「新価格体系」に移行しました。

週決め新価格フォーミュラ

2008年、原油価格の上昇に迅速に対応し、前年の公取委の指摘に対応するため、主要元売は同年10

月、新たな週単位・油種別・先決めの市況連動方式に移行しました。新たな仕切(卸)価格算定式(フォーミュラ)は、「仕切価格＝製油所出荷価格＋輸送費＋ブランド料－インセンティブ」で表されます。これは、①迅速化、②透明性向上(事後調整の廃止)、③卸・小売価格の格差縮小、④需給(市況)の反映、を目的とし、出荷価格の指標として、陸上出荷価格や先物価格等が採用されました。しかし、指標価格が原油価格回復局面の変動に十分反応しなかったため、石油元売各社は、2010年4月以降順次見直し、出荷基準価格に原油輸入価格等コストの要素を盛り込みました。

原油コスト重視のフォーミュラ

その後、指標価格については、①原油コスト変動に追随しないこと、②海陸逆転現象(海上バージ渡し価格が陸上ラック価格を上回ること)、③在庫水準の低下に十分反応しないこと、④調査対象の非開示など、信頼性への疑問から主要元売各社は、2014年4月以降、原油輸入価格の変動を基本に、内外市況等を総合的に勘案した基準価格となり、現在に至っています。

原油価格とガソリン小売価格の推移（今日）

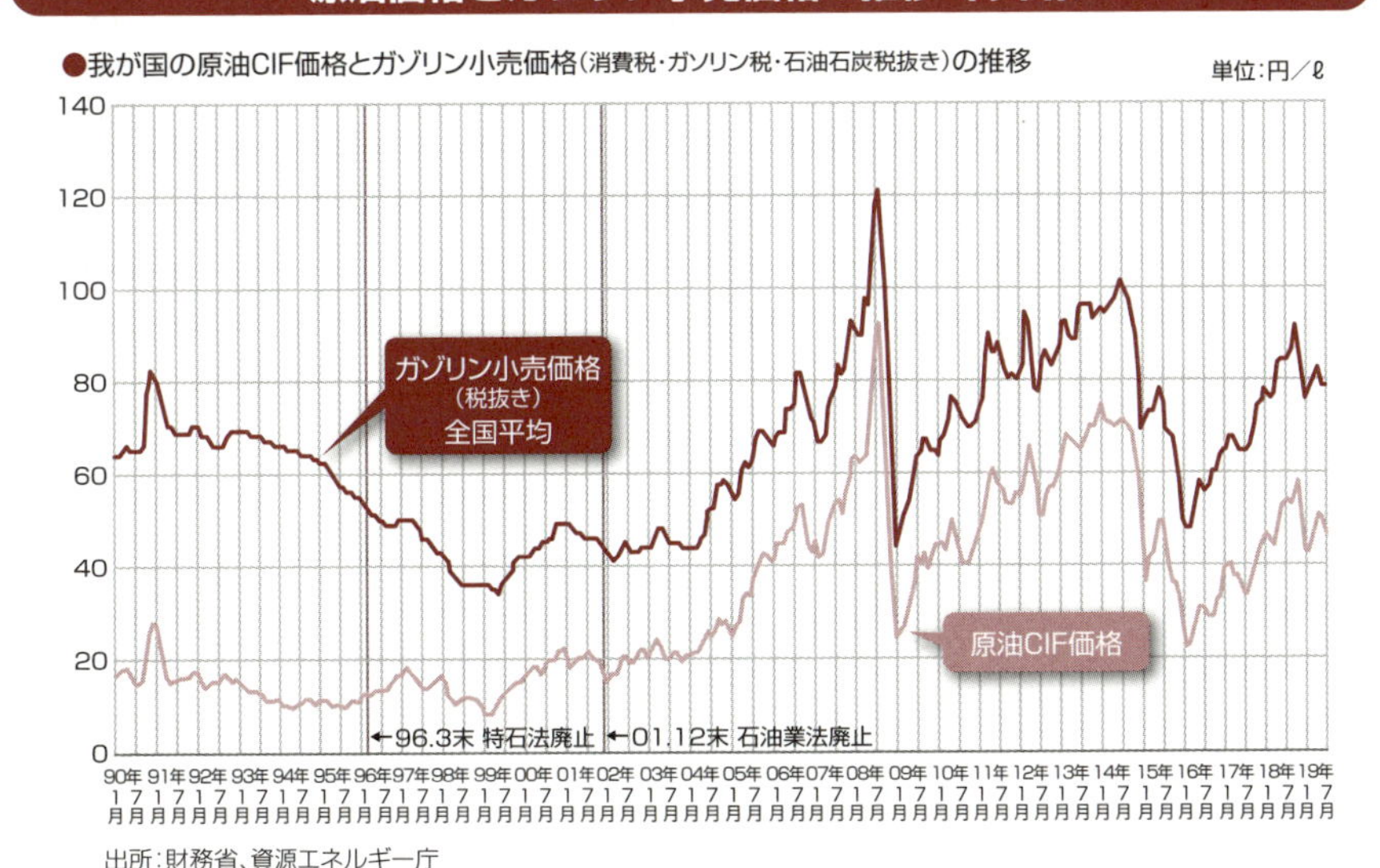

●卸価格フォーミュラ

仕切（卸）価格
＝製油所出荷価格＋輸送費＋ブランド料－インセンティブ

6 給油所の役割と現状

給油所（ガソリンスタンド、SS）の役割と現状、価格決定について、紹介します。

給油所の役割

ガソリンや灯油等の石油製品は、消費者にとって生活必需品です。特に、地方の公共交通機関が十分でない地域では、通勤、通学、通院、買い物など、生活全般にわたって自動車に依存せざるを得ません。また、寒冷地においては、熱量が大きい灯油が暖房の主力となっている地域もまだまだ多く、高齢化世帯への灯油の自宅配達は「冬の生命線」ともいわれています。さらに、工事現場の重機や農業用の温室ハウスや農機への給油も重要です。これらの石油製品は必要とする消費者に届いて初めて意味があります。さらに、災害時等には、地域の燃料の供給拠点・備蓄拠点となります。そのような石油製品の消費者への供給拠点となる**給油所**（ガソリンスタンド）の社会的な役割は極めて大きく、まさに、「ライフライン」ともいえるでしょう。

給油所の現状

しかし、その給油所は、石油産業の規制緩和が本格化する直前の１９９５年をピークに、減少の一途をたどっています。１９９５年3月末に6万４２１軒あった給油所は２０１９年3月末には3万７０軒まで半減しました。ただ、２０１７年の業界再編以降は、マージンの回復で減少は鈍化しています。

主力商品であるガソリンの内需はピークの２００４年度６１４８万ＫＬから18年度５０６０万ＫＬと18％減少、灯油もピークの02年度３０６２万ＫＬから18年度の１４５０万ＫＬと53％減少、軽油もピークの96年

4606万KLから18年3377万KLと27％減少しました。給油所減少の背景として、需要減少を挙げることが多いですが、給油所減少はガソリン需要減少の9年前に始まっています。一般に、わが国の中小企業は、大規模店舗の進出、地方過疎化の進展や後継者難など全国共通の要因で減少していますが、揮発油販売業の場合、石油業界特有の制度的要因が大きく影響しています。

価格決定のメカニズム

現在、小売り石油製品の卸売価格（仕切り価格）は、原油コスト（円建て原油輸入価格）の変動を基本に内外市況等を総合的に勘案して、毎週変更されています。業界再編後は、卸価格の原油コストへの連動性は強まっており、内外市況の影響は弱まっています。

そして、スタンド店頭の小売価格については、基本的に、元売直営店を除いて、特約店や販売店の経営者が、卸価格、自社の販売コスト、周辺店の価格水準等を勘案して決定しているため、卸価格の反映（転嫁）には、3週間程度のタイムラグが生じることが普通です。

給油所数とセルフスタンド数の推移

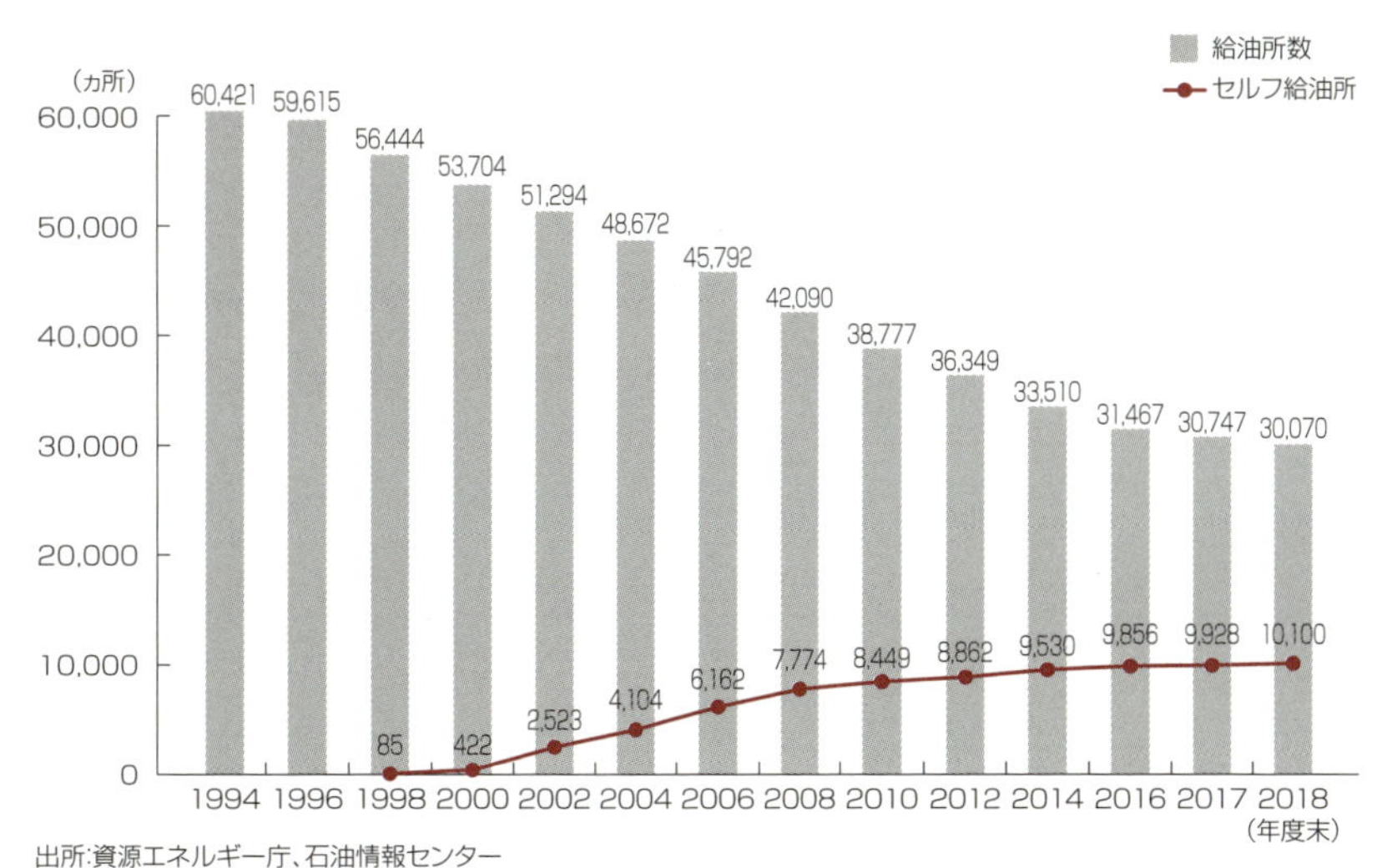

出所：資源エネルギー庁、石油情報センター

7 給油所減少の背景

給油所の閉店や廃業・撤退の直接的な理由は、わが国の中企業共通する経営難や後継者難が多いですが、石油業界独特の規制等の制度的要因も大きく影響しています。

規制緩和の影響

1996年3月、石油製品の輸入自由化に伴い、石油製品輸入暫定措置法（**特石法**）が廃止、揮発油販売業法（**揮販法**）は揮発油等の品質の確保に関する法律（**品確法**）に改正されました。それ以前は、わが国独特のガソリン独歩高の価格体系の下、ガソリンは、石油精製・元売会社にとって、唯一の採算油種として、収益確保の手段であり、過当競争といわれながらも、ガソリンの安定供給と販売業の振興を目的とする揮販法により、設置が抑制された給油所は一種の既得権、「枠」でした。スクラップアンドビルド原則により給油所新設には同数の廃止が必要であったし（90年3月廃止）、供給元証明制度により原則として元売会社系列の給油所しか認められなかった（97年12月廃止）のです。しかし、内外価格差の解消を旗印とする規制緩和の流れは、石油産業も例外ではなく、ガソリン価格は内外価格差の一つの象徴として「標的」となりました。

そのため、製品輸入自由化によって、価格体系の国際化を図り、ガソリン価格を抑制するとともに、石油製品の輸入・販売の参入自由化が推進されました。次々と、商社や全農（JA）、大手スーパーも、**プライベートブランド**（**PB**）を掲げ、給油所ビジネスに参入しました。その結果、ガソリン価格は急落し、「規制緩和の優等生」といわれましたが、リッター当たり20円を超えていたガソリンの販売マージンは、10円以下にまで激減しました。揮発油販売業は、急激な事業環境の変化に見舞われ、収益は大きく落ち込みました。

消防法規制の影響

ガソリン(揮発油)は、引火性が高い**第1類危険物**として、**消防法**(危険物規則)で取り扱いが厳格に規制されています。給油所も、危険物施設として厳格な設置基準によって建設され、1997年1月の阪神淡路大震災でもほとんど被害はありませんでした。

1998年4月には、消防法改正で、有人方式による**セルフ給油**が解禁されました。セルフ給油所の建設・改造には多額のコストがかかり、資本力のある大手特約店や元売販売子会社が有利で、量販店志向に拍車がかかり、同時に、ガソリンの小売マージンの圧縮の一因にもなりました。セルフ給油所は、2019年3月末には1万100か所と給油所全体の33・0%を占めています。

また、2013年3月の給油所の地下タンク改修規制は、規制強化が給油所に大きなコスト負担(数百万円規模)を強いることになり、これを機に給油所の閉店が相次ぐことになりました。原則として、設置後40年を超えるタンクについては、地下タンク入替等の漏えい(土壌汚染)防止対策が必要となりました。

将来の給油所のイメージ

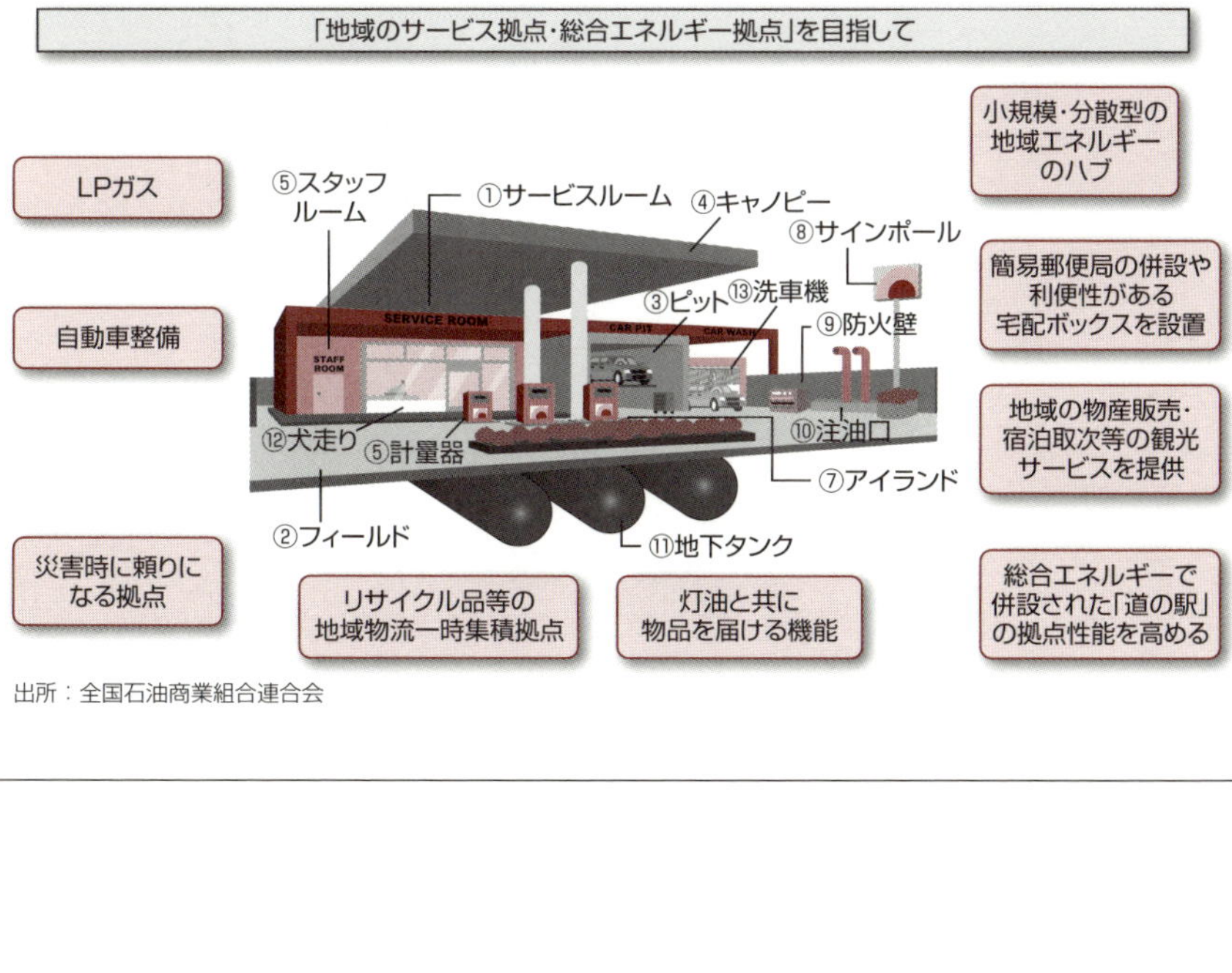

出所：全国石油商業組合連合会

8 SS過疎地

給油所の減少・閉店については、大都市圏では大きな不便は感じられませんが、地方の中山間地域では、生活に支障が出るとして社会問題化しています。

「SS過疎地」

経済産業省では、給油所が同一市町村内に3か所以下しかない地域を**SS過疎地**と定義していますが、現在、全国で326自治体（前年比14か所増加）に上っています。特に、給油所がない市町村は全国に9自治体、一給油所の市町村は83自治体となっています（数字はいずれも2019年3月末）。

確かに、石油製品は生活必需品であり、安定供給の確保は重要な社会的責務です。しかし、石油産業は、あくまで民間企業であり、採算の合わない事業を続ける必要はありません。しかも、90年代には競争原理を通じて効率的供給を実現し、ガソリン価格を下げるために規制緩和が進められた経緯があります。基本的に、SS過疎地の問題は社会政策の一環として、行政や住民で対応してもらうしかないと思われます。

天竜川沿いにある長野県天竜村では、2013年3月末の地下タンク改修義務の期限を機に村一軒の給油所が廃業する予定だったところ、村・地元住民・事業者の協力により、村が提供した敷地に給油所を移築して営業を継続することになりました。天竜村は過疎化の進む村で、村民は通勤や買い物の目的地である近隣の飯田市で給油することが多かったのです。しかし、高齢者世帯への冬場の灯油宅配や農機具への給油の拠点がなくなるということになり、住民はガソリン代は安ければ良いという訳ではないことを初めて認識したといいます。宮城県七ヶ浜町では行政が、長野県阿智村では地元住民が、それぞれ出資し給油所を維持した例もあります。また、高知県四万十市では、住民によって給油所経営を維持した上で生活必需品全般の販売拠点化を図りました。人件費の軽減のため、隣接地から有資格者が給油時に駆けつけて給油を行う**駆けつけ給油**を認める消防法の運用緩和も行われました。

給油所の維持

このように、SS過疎地問題は、関係者の取り組みも本格化しており、国民生活の必需品である石油製品の安定供給拠点としての給油所の役割も、ようやく社会的に認知されてきました。石油業界の本格的な規制緩和開始から20年を経過し、こうした社会問題が顕在化したわけです。携帯電話にはNTTの電話線や公衆電話を維持するためのユニバーサル料金が課金されていたり、電力自由化にあたってもユニバーサルサービス維持のためのコスト負担は配慮されていたりします。公益事業とは異なるとはいえ、ネットワークやエネルギー供給の維持という観点からは変わるところはありません。今後、さらなる制度的な対応が必要でしょう。

給油所維持のための取り組み

●資源エネルギー庁の取りまとめた先行事例から読み取れる過疎地における給油所維持のための取り組みの3パターン

地域のニーズにきめ細かく対応する総合生活サービス拠点化

例：大分県杵築市では買い物弱者支援·高齢者安否確認と一体となった灯油配送モデルを構築

地域参加型でSSを運営する体制構築

例：高知県四万十市では100名超の住民が共同出資会社を設立しSSを継続

ビジネスモデルの大胆な見直し

例：長野県天龍村ではSSの設備更新時にSSを地域の中心地に移設

出所:資源エネルギー庁「SS過疎地ハンドブック」より

9

災害時の石油安定供給

石油製品の安定供給拠点としての給油所の役割は、大規模災害発生時において、平時より一段と重要になります。政府は、石油を災害時にはエネルギー供給の「最後の砦」と位置付けています。

東日本大震災の経験

東日本大震災（２０１１年3月11日発生）では、政府の災害対策本部に供給要請のあった緊急支援物資の約３割は燃料（５０４１件中の１４５６件）でした。発生直後には、道路・港湾等の社会インフラが途絶し、製油所・油槽所等の出荷拠点も被災したため、被災地や首都圏の一部地域では、ガソリン・灯油等の供給に支障をきたし、給油所が品切れで休業したり、給油待ちの長い車列ができたりする例が多数見られました。

しかし、同時に、電気や都市ガスのネットワーク型の系統エネルギーの供給が途絶した場合でも、運搬・貯蔵が可能で取り扱いが容易な石油製品・ＬＰガスは、灯油ストーブのように、分散・独立型エネルギーとして有効であることが再認識されました。真っ暗な避難所で灯油ストーブの赤い炎を囲む被災者が印象に残っています。また、２０１６年４月の熊本地震や２０１８年9月の北海道胆振東部地震でもみられたように、自家用車に避難し、寝泊まりする例も多くありました。

エネルギー基本計画（２０１５年４月）でも、「石油は、災害時にはエネルギー供給の『最後の砦』」とされ、「供給網の一層の強靭化を推進する」とされました。

災害時の対応

そのため、国内の災害対応体制を整備するために、２０１２年11月に施行された改正石油備蓄法において、災害時の地域の燃料供給拠点として、緊急車両への優先給油等を行う**災害対応型中核給油所**（**中核ＳＳ**）、また、緊急要請に基づき病院・避難所等の重要施設へのローリーによる小口配送を行う**災害対応型小口燃料配送拠点**を設置することとし、政府は整備を図ってきました。さらに、２０１６年４月の熊本地震を教訓に、非常用発電装置を有し、災害時にも営業を継続することのできる**住民拠点ＳＳ**の制度を創設し２０１９年12月現在全国に４３８５か所が認定されています。

また、災害時の円滑な燃料供給を確保するため、各県の石油組合（本部・支部）では、都道府県・市町村と「災害時における石油類燃料の供給に関する協定書」を、災害時の緊急要請が想定される配送先を把握するため、石油連盟では、都道府県・政府地方機関と「災害時の重要施設に係る情報共有に関する覚書」をそれぞれ締結しました。さらに、各県石油組合の災害協定締結を政府としても支援するため、２０１６年４月には、「災害協定を締結している石油組合及び組合員の官公需受注機会確保に努めること」が基本方針として、閣議決定されました。

住民拠点 SS

内容：
熊本地震、北海道胆振東部地震や台風16・19号等の教訓を踏まえ、災害時・停電時の十分な燃料供給体制を確保するため、SS等における自家発電設備の配備を進める。

整備目標：
全国約1万5000ヵ所（現状含め2020年度中）

現状：
4,385ヵ所（2019年末現在）

補助率：
全額100%（8年間保有義務）

●自家発電装備

●住民拠点SS（秋田県仙北市）

「ガソリン満タン＆プラス灯油一缶」運動

東日本大震災や熊本地震などでは、給油所に、ガソリンや灯油を買い求める消費者の列ができ、一部地域では品切れの事態も発生しました。災害時には、石油はエネルギー供給の「最後の砦」の役割を果たすことから、石油業界は災害対応力（レジリエンス）を強化すべく様々な取り組みを行っています。

同時に、需要家側に、災害対応力強化のため、病院や公民館、学校等公共施設や情報通信等の重要施設における平時からの燃料備蓄をお願いしています。

その延長として、全国石油商業組合連合会（全石連）では、2018年から一般消費者を対象に、各県石油組合や石油連盟、トラック協会等とともに、「ガソリン満タン＆プラス灯油一缶」運動を展開しています。文字通り、ドライバーには常にガソリンの満タンを、石油ストーブユーザーには冬場に灯油一缶の備蓄を心掛けて頂こうという呼びかけです。

石油会社や給油所では、安定供給を図るため、十分な在庫に心がけているが、有事の際、買い占めや買い急ぎ（仮需）が発生した場合にはどうしようもありません。3～4日分の在庫が1日で売り切れてしまっては対応できません。そのための消費者の皆さんへのお願いです。

第一次石油危機以来の関係者の努力によって、わが国の石油備蓄は、官民合わせて230日分（備蓄法基準）以上になり、海外からの石油供給不足時だけでなく、国内特定地域における災害時等の石油供給不足時にも、活用できるようになりました。そして、国内の安定供給維持のための供給側の強靭化に向けた努力も行われています。そうした中で、災害大国であるわが国の消費者・需要家にも、分担をお願いしたいという趣旨なのでしょう。

第10章

石油製品の用途と品質

　第10章では、主要な石油製品、燃料油の消費と性状を紹介します。

　ガソリン、ナフサ、灯油、ジェット燃料、軽油、重油の消費の現状や品質・規格について、説明します。

1 ガソリン

ガソリンは、主に、乗用車(プラグ点火式エンジン)の燃料として使用されていますが、幅広い用途を持っています。近年、燃費の向上・エコカーの増加等により、その消費は減少しています。

ガソリンの消費

2018年度の国内ガソリン消費は5060万KLで、燃料油消費の30・2%を占めます。しかし、自動車燃費の向上や小型車の増加、若者の自動車離れなどで、消費量は減少しつつあり、内需のピーク2004年度比18%減となっています。今後5年間、年率2%程度の減少すると見られていますが、電気自動車などの次世代自動車の普及で減少は加速するでしょう。従来、自動車用燃料は、非代替的で、需要に対する価格弾力性も低く、付加価値の高い製品でしたが、付加価値は減少するでしょう。また、農林用機械の燃料、ヘリコプター・小型飛行機等の航空燃料、別規格の工業用ガソリンとして、工場の機械洗浄、塗料やゴム・クリーニング等の溶剤などの用途もあります。

ガソリンの性状

ガス・LPガスに次いで、沸点35〜200℃で分留される、炭素数4〜10の炭化水素化合物で、密度(比重)は0・73〜0・78、熱量は40MJ(約1万1000kcal/KL)です。引火点は－40℃以下で、常温でも火を近づけると引火します。ガソリン蒸気が滞留している場所では、静電気程度の火種でも爆発する怖れがあり、取り扱いには特に注意が必要です。揮発性が強く、**揮発油**とも呼ばれ、消防法上は第4類危険物第1石油類に分類されています。灯油や軽油との誤用を防止するためオレンジ色に着色されています。なお、ガソリンを携行・保管するためには、専用の金属製の携行缶が必要であり、京都アニメーション放火事件（2019年7月）を契機に、給油所における携行缶販売に対しては身元確認等販売手続きの厳格化が図られています。

自動車用ガソリンの規格

自動車のエンジン性能を十分に発揮するために、特に重要になる燃料特性は、①アンチノック性、②運転性（蒸留特性・蒸気圧）、③酸化安定性です。

まず、自動車エンジンの燃焼性が安定しており、エンジンが異常振動（ノッキング）しないことが必要です。ノッキングの起こりにくさの指数が**オクタン価**であり、オクタン価96以上がハイオクタンガソリン、89以上がレギュラーガソリンです。かつて、ガソリン販売に占めるハイオクの比率は20％程度でしたが、最近では10％程度に低下しています。次に、自動車のアクセルを踏み込んだとき、ガソリンンがエンジン内で空気と混ざり、円滑に燃焼するような適度な揮発性があることが重要で、そのためには、蒸溜性状と蒸気圧が適切であることが重要です。そして、ガソリンの流通・貯蔵時における品質の安定性も重要です。

自動車ガソリン

●品確法に基づく強制規格

現行の規格	規格値
鉛	検出されない
硫黄分	0.001質量%以下
MTBE	7体積%以下
ベンゼン	1体積%以下
灯油混入	4体積%以下
メタノール	検出されない
実在ガム	5mg／100ml以下
色	オレンジ色
酸素分	1.3質量%以下
エタノール	3体積%以下

●JISによる要求品質

自動車ガソリンの要求品質				
	1号（ハイオク）	1号（E）*	2号（レギュラー）	2号（E）*
オクタン価	96.0以上		89.0以上	
硫黄分 質量分率%	0.001以下			
蒸気圧（37.8℃）kPa	44以上 78以下**	44以上 78以下***	44以上 78以下**	44以上 78以下***
ベンゼン 体積分率%	1以下			
MTEB 体積分率%	7以下			
エタノール 体積分率%	3以下	10以下	3以下	10以下
酸素分 質量分率%	1.3以下	1.3超え 3.7以下	1.3以下	1.3超え 3.7以下
色	オレンジ系色			

* エタノール3体積分率%を超え1体積分率%以下のガソリン。
** 寒候用のものの蒸気圧の上限値は93kPaとし、夏季用のものの上限値は65kPaとする。
*** エタノールが3%（体積分率）超えで、かつ冬季用のものの蒸気圧の下限値は55kPa、さらにエタノールが3%（体積分率）超えで、かつ外気温が−10℃以下となる地域に適用するものの下限値は60kPaとする。

2 石油化学用原料ナフサ

ナフサは、ガソリンとほぼ同じ性状ですが、石油化学工場に供給され、プラスチックや化学繊維、合成ゴムなど石油化学製品の原料になります。粗製ガソリンと呼ばれることもあります。

ナフサの消費

２０１８年度の国内石油化学原料用ナフサ消費は４３９１万ＫＬで、燃料油消費の26・2%を占めます。国内需要のピークは２００６年度の５００８万ＫＬで、減少率は12・3%です。特長的なことは、石油化学工場の稼働率や石油化学製品の市況に消費量が大きく振れることです。石化工場の定期修理の多い年の翌年には、前年比で需要が伸びることも多いです。

また、消費地精製方式の考え方に基づき、石油製品の国内精製を基本としてきた中で、伝統的に、**ナフサ**は、輸入製品比率が高く、輸入は内需比62・1%、製品輸入全体の79・9%を占めています（いずれも18年度実績）。さらに、石油化学用ナフサには、石油備蓄義務がなく、石油石炭税も、揮発油税も免税扱いとされています。こうした供給構造と特例扱いは、わが国の戦略産業としての石油化学産業の国際競争力を維持するための産業政策的配慮でしょう。近年、産油国では随伴ガス、米国ではシェールガスを原料とする石油化学工場の立地が増加しており、国際競争力の強化が図られていますが、Ｂ・Ｂ（ブタジエン・ＢＴＸ）化学といわれるゴムやタイヤ、ベンゼン・トルエン・キシレン（芳香族）等の石油化学品については、経済的に、重質ナフサを原料とせざるを得ないとみられています。

ナフサの性状

ガソリンと同様、沸点35～２００℃で分留される、炭素数４～10の炭化水素化合物で、直留ガソリンの一部が、石油化学原料用ナフサとして供給されます。通常ガソリンは、蒸留装置から来る直留ガソリン、改質装置から来るオクタン価が高い改質ガソリン、分解装置から来る重質油を軽質化した分解ガソリンをブレンド(調合)して製造されますが、直留ガソリンの多くは、ナフサとして供給されることになります。

CTC

最近では、ナフサを経ることなく、主な目的生産物を石油製品ではなく、基礎化学品にした製油所、すなわち、原油から直接石油化学製品(エチレン・プロピレン・芳香族等)を製造するCTC*の建設も進んでいます。エクソンモービルのシンガポール製油所では、石化製品得率が70%を実現しています(わが国の製油所の平均得率は約20%)。

こうした世界的な動きは、石油化学の付加価値の高さに加え、近年のエネルギー転換・脱炭素化の動きの中で、石油精製の生き残り戦略として、将来的な需要が期待できる石油化学に参入しておきたいでしょう。

ナフサから石油化学製品へ

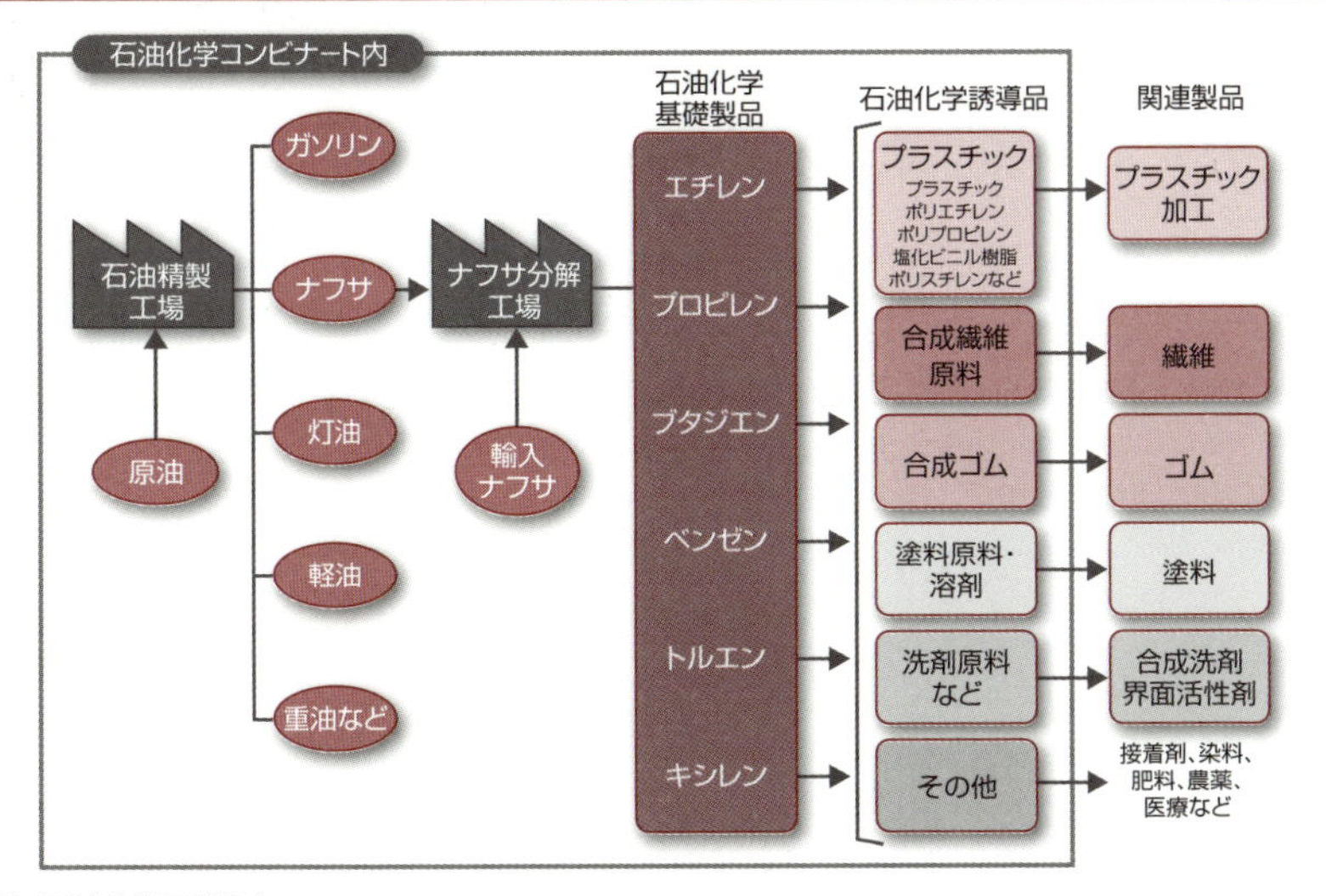

出所:石油化学工業協会

* **CTC** Crude oil to Chemicalsの略。

3 灯油

灯油暖房は、わが国の北海道・東北・北陸等寒冷地においては、熱量や経済性の点から、まだまだ冬の暖房の主役です。近年では、災害時の暖房としての役割も再評価されています。

灯油の消費

2018年の国内の灯油消費は1450万KLで、燃料油消費の8・6％を占めます。内需ピーク時は2002年度の3062万KLで、減少率は52・6％、約15年で半減しました。主な要因は、2000年代の原油価格高騰で灯油価格も上昇する中、オール電化や都市ガスなどへの転換があげられますが、地方の人口減少や過疎化も消費減少の拍車をかけています。**灯油**は、生活必需品ではあるものの、競合エネルギーが存在しており、需要に対する価格弾力性も比較的高くなっています。また、灯油は、圧倒的に暖房用途が大きいため、季節商品としての性格が強いのも特徴です。18年度上期の内需335万KLに対し下期は1115万KLと、3・3倍の規模となります。気温が、消費量にも価格形成にも大きな影響を与えています。

19世紀後半、灯油は、ランプの照明用燃料として用いられ、灯油と呼ばれるようになりましたが、今日では、灯油ストーブや灯油ファンヒーター、石油給湯器などの暖房用・給湯用燃料を中心に、発電用燃料、工業用の洗浄・溶剤の用途と幅広く利用されています。

東日本大震災(2011年3月)以降、地震や台風等の自然災害が多発する中、災害時における石油の役割を踏まえ、「自衛的備蓄」として、灯油一缶余分に購入しておけば、安心でしょう。

灯油の性状

ガソリン・ナフサに次いで、沸点145～270℃で分留される、炭素数11～13の炭化水素化合物で、密度（比重）は0・78～0・80、熱量は36・45ＭＪ（８７１８kcll/l）です。引火点は40℃以上で、引火の危険性は少なく取り扱いは容易です。消防法上は第４類危険物第２石油類に分類されています。

石油ストーブのような直接燃焼機器に使用するために、特に必要となる燃料特性は、①燃焼性の良さ（煙点）、②煤や煙の出ないこと、③灯芯へのカーボンの付着が少ないこと、④低硫黄、⑤無羽生関する必要がある臭性です。通常、石油製品は種々の基材をブレンドして製造されますが、灯油のみは蒸留装置からの直留留分だけで製造されます。

直接燃焼による暖房はわが国独特で、諸外国では、ボイラー等による間接暖房が主流であり、暖房油の性状は重油に近いです。

灯油は、直接燃焼で使用するため品質管理が重要です。光や高温で劣化するおそれがあるので、灯油は赤色の灯油用ポリタンクに密封した上、保管する必要があります。また、長期間の保管は避けるべきで、ワンシーズンで使い切ることが推奨されています。

灯油

●品確法に基づく強制規格

現行の規格	規格値
硫黄分	0.008質量%以下
引火点	40℃以上
色	セーボルト色　+25以上

三陸鉄道久慈駅待合室の灯油ストーブ
（全国石油商業組合連合会が寄贈）

●JISによる要求品質*

種類	引火点 ℃	煙り点 mm	硫黄分 質量分率%	色（セーボルト色）
1号	40以上	23以上**	0.008以下***	+25以上

* 上記表はJIS規格からの一部抜粋。
** 寒候用の煙り点は21mm以上とする。
*** 燃料電池用の硫黄分は0.0010質量分率%以下とする。

4 ジェット燃料油

ジェット機の燃料であるジェット燃料油は、家庭用の灯油と、ほぼ同じ留分(成分)から作られていますが、その規格と品質は、航空機の安全運航に直結するため、厳格に管理されています。

ジェット燃料油の消費

2018年度の**ジェット燃料油**の国内消費(国内線用)は497万KLで燃料油消費の3・0%を占めています。航空旅客や航空貨物の需要は増加し続けているものの、機材更新による燃費の改善で、消費のピーク時2007年から、16・0%減少しています。B747からB777への機材更新で、座席・距離当たり燃費は30%以上改善されたといわれます。ジェット燃料油の供給の特徴は、国際線航空機への給油を反映して輸出が多いことです。ジェット燃料油の製品輸出は1071万KLと内需の倍上ります。

ジェット燃料油は、タービン(ジェット)エンジンの燃料として、燃料燃焼によってできるガスの膨張を噴出流(推進力)に変えて利用しています。現在、ジェット燃料油は、灯油型(ケロシン系)と広範囲沸点型(ワイドカット系、灯油留分と揮発油留分をブレンド)の二つのタイプが製造されており、民間航空機用としては灯油系の〝Jet A−1〟が、軍用機用としては広範囲沸点型の〝JP−4〟が、主に使用されています。

ジェット燃料油の性状

当初、英国でジェットエンジンが実用化されたころ、燃料には、通常の灯油が使用されていました。それは、エンジンの構造上、高い揮発性を必要とせず、また、燃焼ガスでタービンを回すことから、ノッキングを考える(高オクタン価の)必要もなかったためです。さらに、航空機は高い高度で飛行するため、低気圧下・低温下で固まりにくいこと（析出点）や、事故時の安全面から、ある程度引火点が高いことも必要であり、そうした性質に灯油が適しており、国際的には灯油の消費・用途も限られていたことも理由に挙げられます。

航空機のエンジントラブルは、重大事故に直結するため、ジェット燃料には、より高い品質が要求されます。①燃焼性の良さ、②発熱量の高さ、③品質安定性、④凍結のしにくさ、⑤電気伝導性の高さ（静電気の起こりにくさ）、⑥異物の混入防止、等が必要です。

ジェット燃料の供給

ジェット燃料の供給は、空港の立地・規模などによって、種々のパターンがあります。

成田空港へは、千葉港にタンカーで搬入されたジェット燃料油は千葉港から専用パイプラインで輸送され、空港タンクに蔵置後、空港内に敷設された配管網（**ハイドラントシステム**）を通じて、各スポットにあるピットから、サービサーといわれる給油車両で、航空機の主翼にある燃料タンクに給油されます。また、各空港タンクには、最低1週間分の燃料が貯蔵されています。

ジェット燃料

●世界で使用されている主な航空タービン燃料油

	民間機	軍用機
(a) 灯油形	JetA-1（低析出点） JetA	JP-8 JP-5（高引火点）
(b) 広範囲沸点形	JetB	JP-4

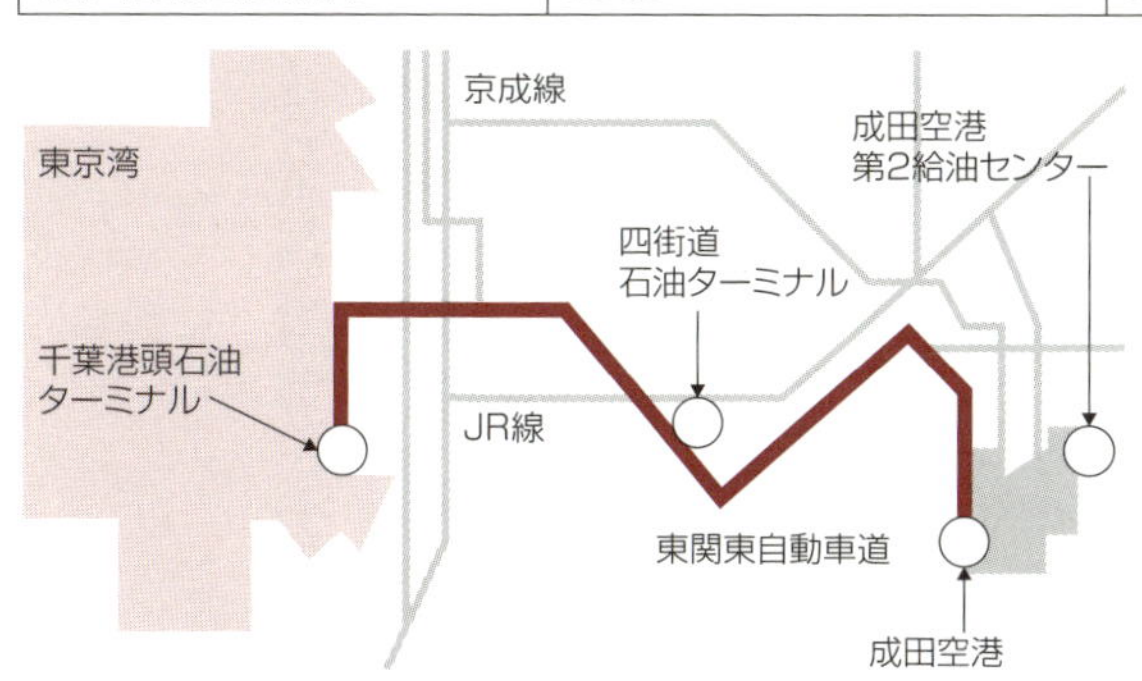

国内唯一の本格的石油パイプラインである成田空港パイプラインのルート（成田国際空港株リリースより）

サービサー（給油車両）でハイドラントから、翼の燃料タンクに給油する

軽油

トラックやバス、建設用重機などディーゼルエンジンの燃料として利用される軽油。他の油種の国内需要が軒並み減少する中、ほぼ横ばいと、意外に健闘している燃料でもあります。

軽油の消費

２０１８年の国内の軽油消費は３３７７万ＫＬで、燃料油消費の20・1％を占めます。内需ピーク時は１９９６年度の４６０６万ＫＬで、減少率は26・7％ですが、この10年で見ると０・１％の増加、経済産業省の需要見通しでも、今後5年ほぼ横ばいが続くと見られています。一時期の鉄道や船舶等へのモーダルシフトや交錯輸送の排除など、輸送の合理化・効率化は一段落し、近年では、建設業や宅配事業、インバウンド観光の好調を受けて、軽油需要は比較的堅調に推移しています。自動車用以外の工業用や発電用のディーゼルエンジンについては、留分の近いA重油と需要を分け合っています。

東アジア市場においても、各国の経済成長を支える形で、好調なジェット燃料とともに、供給は不足気味で、価格は高止まりを続けています。国際的にも、２０２０年からのＩＭＯの船舶燃料規制開始で、低硫黄重油の製造用に軽油留分が大量に使用されると見られることから、軽油価格の上昇が懸念されています。中長期的に見ても、トラックの電動化は、乗用車より先になると見られることから、軽油やジェット燃料など中間留分の付加価値は、他油種に比べて相対的に高まりつつあると思われます。

軽油の性状と規格

灯油・に次いで、沸点２００～３７０℃で分留される、炭素数10～26の炭化水素化合物で、密度(比重)は

0・83～0・85、熱量は38・7MJ（9095kcal／l）です。引火点は45～110℃以上で、消防法上は第4類危険物第2石油類に分類されています。直留の軽質軽油は、水素化精製されて硫黄分を取り除き、製品軽油の基材として、重質軽油は、重油のブレンド基材あるいはガソリン増産のための接触分解装置（FCC）の原料となります。

ディーゼルエンジンに使用するために、重要な特性は、①粘度、②着火性、③セタン価、④低硫黄、です。ディーゼルエンジンでは、燃料を高圧で噴射し霧化するので、粘度は低い方がよいが、あまり低いと燃料ポンプの潤滑性に欠け、摩耗や焼き付けを起こすので、適度な範囲が必要です。燃焼は断熱圧縮によって自然着火しますが、燃料の霧化から燃焼までの着火の遅れが少ないほど円滑な燃焼が期待できます。セタン価が高くなると始動が容易で排気エミッションはよくなるので、40～60程度が必要です。ディーゼルエンジンの低温始動性を確保するために、JISでは低温特性（流動点や目詰まり点）が異なる特1号から特3号まで5種類の規格を設けて、地域や季節に応じて供給します。

軽油

●品確法に基づく強制規格

現行の規格	規格値
セタン指数	45以上
硫黄分	0.001質量%以下
蒸留性状	90%留出温度360℃以下
トリグリセリド	0.01質量%以下
脂肪酸メチルエステル（FAME）	0.1質量%以下

●JISによる品質要求*

	特1号	1号	2号	3号	特3号
密度（15℃）g/cm^3	0.86以下				
引火点 ℃	50以上			45以上	
流動点 ℃	5以下	−2.5以下	−7.5以下	−20以下	−30以下
目詰まり点 ℃	−	−1以下	−5以下	−12以下	−19以下
セタン指数**	50以上		45以上		
動粘度（30℃）mm^2/s	2.7以上		2.5以上	2.0以上	1.7以上
硫黄分 質量分率%	0.0010以下				
90%留出温度 ℃	360以下		350以下	330以下***	330以下

* 上記表はJIS規格からの一部抜粋。
** セタン指数はセタン価を用いることもできる。
*** 動粘度（30℃）が47mm2/sの場合には、350℃以下とする。

6 重油

重油は、燃焼用途を中心に幅広く利用されていますが、天然ガスや石炭などへの燃料転換によって、需要は大幅に減少しています。製品としての付加価値は低く、通常、C重油価格は原油価格よりも安いです。

重油の種類

重油は、蒸留装置や分解装置から得られた残渣油に、軽油留分を調合して生産します。発熱量は高く、産業用燃料量や船舶用燃料など幅広く利用されています。重油にはいろいろな種類がありますが、主に、動粘度の違いと硫黄分の違いによって分類されています。まず、動粘度の重いものから、A重油(1種)、B重油(2種)、C重油(3種)に分かれ、次に、硫黄分の少ないものから、A重油は1号と2号に、C重油は1号、2号、3号に分かれます。B重油は、動粘度がA重油とC重油の中間のものですが、現在では特注品でほとんど生産されておらず、統計上もB・C重油で一本化されています。

重油の製造で特徴的なことは、蒸留装置や分解装置の残渣油に、軽油留分などを希釈材(カッター材)として、調合して動粘度を調整します。A重油は残渣油10%程度に軽油留分90%程度のブレンド、逆にC重油は残渣油90%以上に軽油留分を少量調合します。

重油の性状と品質

重油は、沸点150以上で、密度(比重)は0・82~1・00、熱量は38・90MJ(9980kcal/l)以上である。引火点は60~230℃で、消防法上は第4類危険物第3石油類に分類されます。

燃焼用の燃料として、取り扱い面から、引火点、動粘度、流動点など、燃焼面からは、発熱量、硫黄分、水分、水泥分、灰分などが、重要な品質管理項目になります。

重油の消費

A重油は、各種工場のボイラーや炉用の燃料、小・中型ディーゼルエンジン、ディーゼル発電機、農林水産用の燃料として用いられます。2018年度の国内消費は1107万KLで、燃料油の6.6%を占め、内需ピークは2002年度の3014万KLと、ピーク時からの減少率は63.3%に上っています。天然ガスへの転換や燃料効率改善による減少でしょう。

C重油は、主に、火力発電所、大型ボイラー、大型船舶の燃料として、使われます。B・C重油の2018年度の国内消費は994万KLで、燃料油の5.9%を占め、内需ピークは1973年度の1億1101万KLと、ピーク時の9.0%に過ぎません。電力や工場等の燃料転換による減少であると思われます。わが国の発電に占める石油の割合は、1973年の87%から2018年度の7.5%に減少しています。

2020年から、IMO船舶燃料硫黄分規制が始まりましたが、国内では円滑に対応されています。

重油

●品確法に基づく強制規格（船舶用）

現行の規格	規格値
硫黄分	0.5質量%以下
無機酸	検出されない

●IMO船舶燃料硫黄分規制スケジュール

	2012年	2015年	2020年
一般海域	4.50% → 3.50%	3.50%	0.50%
特定海域	1.00%	0.10%	0.10%

●重油のJIS

<table>
<tr><th colspan="2">種類</th><th>反応</th><th>引火点 ℃</th><th>動粘度（50℃）mm ²/{cSt}(2)</th><th>流動点 ℃</th><th>残留炭素分 質量%</th><th>水分 容量%</th><th>灰分 質量%</th><th>硫黄分 質量%</th></tr>
<tr><td rowspan="2">1種</td><td>1号</td><td rowspan="6">中性</td><td rowspan="3">60以上</td><td rowspan="2">20以下</td><td rowspan="2">5以下</td><td rowspan="2">4以下</td><td rowspan="2">0.3以下</td><td rowspan="3">0.05以下</td><td>0.5以下</td></tr>
<tr><td>2号</td><td>2.0以下</td></tr>
<tr><td colspan="2">2種</td><td>50以下</td><td>10以下</td><td>8以下</td><td>0.4以下</td><td>3.0以下</td></tr>
<tr><td rowspan="3">3種</td><td>1号</td><td rowspan="3">70以上</td><td>250以下</td><td>−</td><td>−</td><td>0.5以下</td><td rowspan="2">0.1以下</td><td>3.5以下</td></tr>
<tr><td>2号</td><td>400以下</td><td>−</td><td>−</td><td>0.6以下</td><td>−</td></tr>
<tr><td>3号</td><td>400を超え1000以下</td><td>−</td><td>−</td><td>2.0以下</td><td>−</td><td>−</td></tr>
</table>

注（1）　1種および2種の寒候用のものの流動点は0℃以下とし、1種の暖候用の流動点は10℃以下とする。
（2）1mm2/s = 1cSt
主な用途：
1種（A重油）：中小型ボイラ、ビル暖房用、漁船等小型船舶デイーゼルエンジン用、ビニールハウス加温用
2種（B重油）：中小工場ボイラ用、窯業炉用
3種（C重油）：電力等大型ボイラ、タンカー・コンテナ船等大型船舶デイーゼルエンジン用、

3つのReserve、翻訳注意！

海外の石油関係書籍を翻訳で読んでいる読むとき、あるいは、国際シンポジウムで同時通訳を聞いているとき、時々、意味が分からなくなることがあります。"Reserve"の訳語です。

"Reserve"は、多義語で、予約、留保、準備金、在庫、控え選手など多くの意味があります。語感としては、一定の目的のために準備されたものというニュアンスがあるように思います。

英語の石油関連文献で出てくるときは、複数形で、「埋蔵量」ないし「備蓄（在庫）」の意味で出てくることが多いようです。埋蔵と備蓄では、随分意味が異なりますが、前後の文脈から判断するしかありません。さらに、まれに、原油余剰生産能力の意味で、使われることもあります。いずれも、一定の目的もために準備されたものであることに間違いありません。

3つのReserve、意味を使い分けることが重要なのですが、考えてみると、同時に、この3つのReserveは、サウジアラビアの石油市場における「武器」でもあります。「埋蔵量」は、非在来型石油を含めて世界2位、在来型石油だけなら世界1位で、石油市場への影響力を持っています。2020年3月6日のOPECプラスの合同会合の協議が決裂した際に、サウジは、4月から1230万BDの供給行うと発表しましたが、それを可能にするのは、2億バレルとも3億バレルともいわれる豊富な原油の「備蓄量」であり、コストがかかるにも関わらず保有でしている約260万BDの「原油余剰生産能力」です。これらは、石油需給ひっ迫時には、代替生産能力として、市場安定に貢献してきました。第2次石油危機時や湾岸危機時には、消費国はサウジの生産余力に助けられました。しかし、同時に、需給緩和の中で、増産すれば、価格の意図的引き下げが可能になります。

過去、1988年には、OPEC加盟国の違反増産（チーティング）が横行する中、意図的に増産し、10ドル割れの価格暴落を引き起こすことで、OPEC加盟国の結束と規律を回復させたこともありました。今回も増産によって原油価格は暴落するものの、シェールオイルの生産抑制：シェア回復とOPECプラス各国への警告の効果はありそうです。

石油関連の法規制と税金

石油をめぐる法律は、消防法などの社会的規制、独占禁止法などの経済的規制など多岐にわたります。ここではその中から、石油政策に関わる法律を4本を取り上げます。

さらに、石油に独特の税制、3種類について、説明します。

1 石油備蓄法

万が一の供給不足に備えた石油備蓄。近年では、備蓄の活用が、海外からの供給不足時だけでなく、国内の災害時にも広がっています。また、度重なる規制緩和の中で、石油備蓄法は、石油業界の枠組みを形づくる最も重要な法律となりました。

民間備蓄と国家備蓄

１９７５年12月制定当初の**石油備蓄法**（昭和50年法律96号）は、第一次石油危機を教訓として、「わが国への石油の供給が不足する事態が生じた場合に、石油の安定的な供給を確保」することを目的に、石油会社（石油輸入・精製・販売事業者）に石油備蓄を義務付けるものでした。当初の民間備蓄目標は90日備蓄で、段階的に積み増しが行われ、91年度初に達成されました。

また、78年度からは、**石油公団**（現**ＪＯＧＭＥＣ**）による国家石油備蓄も開始され、全国10か所に国家石油備蓄基地が建設されました。当初、国家備蓄は、予算措置として実施されましたが、95年４月に備蓄法に明記され、89年２月には３０００万ＫＬ、98年２月には５０００万ＫＬの目標量を達成しています。国家備蓄の拡充を背景に、民間備蓄日数は93年度から70日に軽減されました。

規制緩和に伴う改正

１９９６年3月末、「特定石油製品輸入暫定措置法」（**特石法**）が廃止され、4月から石油製品の輸入が自由化されました。これに先立ち、95年４月備蓄法が改正され、①備蓄義務者の拡大、②備蓄量算定期間の直近12か月への変更、③原油備蓄の制限（供給製品備蓄を基本）などが行われました。

さらに、２００１年末の**石油業法**の廃止により、需給調整、事業規制、設備規制等の規定が廃止されたことから、石油備蓄のために必要な、石油輸入事業者の登録、精製設備や輸入の届出を含む、石油事業者に係わる手続き事項等が追加され、石油備蓄法は、石油業界をめぐる最も基本的な法律となりました。このとき、法律の正式名称は、現在の「石油の備蓄の確保等に関する法律」に改正されました。

東日本大震災に伴う改正

東日本大震災（2011年3月11日）の発生に伴う被災地や一部地域における石油供給の中断などを背景に、石油供給量を増加させるため、民間備蓄義務の日数軽減が行われました。こうした教訓や災害時における石油の役割の重要性を踏まえて、12年11月の改正では、目的規定に、従来の「わが国への石油の供給の不足」に加えて、新たに「災害による国内特定地域における石油の供給の不足」への対応を追加するとともに、①石油元売会社の「災害時石油供給連携計画」の提出、②緊急車両等への給油するための「中核ＳＳ」、③定期的訓練の実施等の規定が追加されました。

石油産業に係わる規制緩和

1962年7月	石油業法制定。原油輸入自由化に対応、石油産業の基本法	
1976年4月	石油備蓄法制定	
1977年5月	揮発油販売業法制定	
1986年1月	特定石油製品輸入暫定措置法制定　ガソリン、灯油、軽油の輸入促進	
1987年7月	第一次規制緩和	二次精製設備許可の弾力化
1989年3月	第一次規制緩和	ガソリン生産枠（PQ）の廃止
1989年10月	第一次規制緩和	灯油の在庫指導の廃止
1990年3月	第一次規制緩和	SS建設指導と転籍ルールの廃止
1991年9月	第一次規制緩和	一次精製設備許可の弾力化
1992年3月	第一次規制緩和	原油処理枠指導の廃止
1993年3月	第一次規制緩和	重油関税割当制度の廃止
1996年3月	特石法廃止（石油製品の輸入自由化）	
1996年4月	第二次規制緩和	品質確保法の制定
1996年4月	第二次規制緩和	石油備蓄法制定
1997年7月	第二次規制緩和	石油製品輸出承認制度の実質自由化
1997年12月	第二次規制緩和	SS供給元証明制度の廃止
1998年4月	第二次規制緩和	有人給油方式のセルフSS解禁
2001年12月	石油業法の廃止（需給調整規制の廃止）	
2002年1月	改正石油備蓄法（石油の備蓄確保等に関する法律）の施行	

出所：石油情報センター

2 品質確保法

ガソリン（揮発油）や灯油などの石油製品は、国民生活と密接に関連しており、その適正な品質の確保は、国民生活の安心・安全に直結しています。

旧揮発油販売業法

品質確保法（**品確法**）の正式名称は「揮発油等の品質の確保等に関する法律」ですが、１９７６年11月25日の公布（昭和51年法律第88号）時点では、**揮発油販売業法**（**揮販法**）として、揮発油販売業の健全な発達と揮発油の品質確保を目的に、①揮発油販売業の登録制、②給油所設置制限が可能となる指定地区制度、③廉売に対する勧告、などを含む規制的色彩の強い法律でした。

品確法への大改正

しかし、１９９０年代の規制緩和、内外価格差解消の動きの中で、見直しが必要とされるとともに、特定石油輸入暫定措置法（特石法）廃止による石油製品の輸入自由化（96年４月）に伴う品質確保措置を強化するために、95年４月揮販法は大改正が行われ、名称も現行のとおりとなりました。目的規定から、「揮発油販売業の健全な発達」は削除され、「国民生活と関連性が高い石油製品である揮発油、軽油および灯油について適正な品質のものを安定的な供給するため、その販売等について必要な措置を講ずることにより、もって消費者の利益に資する」こととされたのです。

具体的には、揮発油販売業の登録制は維持されましたが、指定区域・廉売勧告等の事業規制に関する規定は廃止され、安全性や環境適合性の観点から、揮発油・軽油・灯油の品質規格（強制規格）が定められるとともに、不適合製品の販売禁止、生産・輸入業者の品質確認義務、揮発油販売事業者の登録義務・品質確認義務等が規定されました。また、強制規格に性能面の項目も加えて標準的な品質を示す**SQマーク**の制度も導入されました。さらに、この改正により、元売系列以外の給油所である商社系や流通系のPB（プライベートブランド）、無印の給油所も正式に認められました。

その後の品質規格改正

品確法への改正時に、強制規格は、揮発油8項目、軽油・灯油各4項目でしたが、その後、規制緩和に伴う諸問題の発生や環境規制強化の動きの中で、規格値が強化されるとともに、規格項目も、揮発油10項目、軽油5項目、灯油3項目となりました。例えば、高濃度アルコールによるエンジン発火事故等の対策として、2003年8月には揮発油の含酸素・エタノール規制が導入、また、大気汚染対策として、07年4月からは揮発油・軽油の硫黄含有率が10ppmに強化されるなどです。さらに、09年2月には、国際海事機関（IMO）での船舶燃料の硫黄分含有規制（3・5%）を契機に、船舶用重油についても強制規格が規定され、20年1月からさらに強化されました（0・5%）。

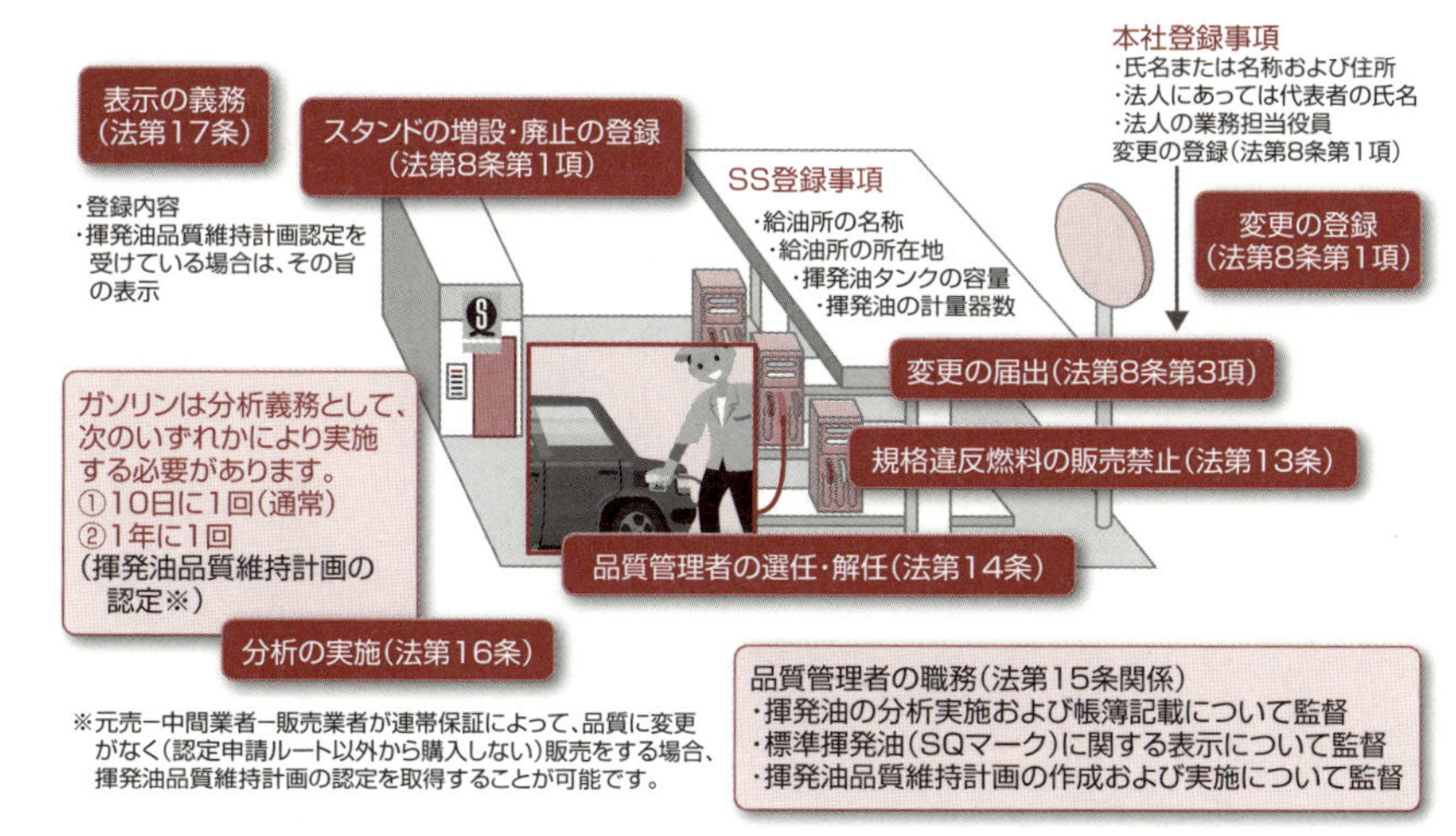

出所：全国石油商業組合連合会

3 エネルギー供給構造高度化法

エネルギー供給構造高度化法は、石油精製業では過剰精製設備廃棄の根拠となりましたが、再生可能エネルギー導入の根拠にもなるなど幅広い役割を果たしています。

法律の目的

エネルギー高度化法とも呼ばれますが、正式名称は、「エネルギー供給事業者による非化石エネルギー源の利用及び化石エネルギー原料の有効利用の促進に関する法律」です。この法律は、文字どおり、電気やガス・石油等のエネルギー供給事業者が、太陽光や風力、バイオ等の再生可能エネルギーや原子力などの非化石エネルギー源の利用と化石エネルギー原料の有効活用を促進することを目的としており、そのために必要な措置を規定しています。

具体的には、経済産業大臣が「基本方針」(規則)を策定、事業者が取り組むべき事項について、ガイドラインとなる「判断基準」(告示)を定めています。これらを受けて、一定規模以上の事業者は、取り組むべき事項に関する「計画」を作成、提出します。事業者の取り組みの状況が、判断基準に照らして著しく不十分な場合には、大臣から勧告や命令が行われ、罰則もあります。

エネルギー政策の転換

この法律は、2009年7月8日公布(平成21年法律第72号)されましたが、同時に同法によって、「石油代替エネルギーの開発及び導入に関する法律」(**石油代替エネルギー法・代エネ法**)が廃止されました。代エネ法は、70年代の石油危機を教訓として、エネルギーにおける石油依存度の低下、すなわち「脱石油政策」を目的として、石油代替エネルギーの開発と導入を推進するものでした。しかし、一次エネルギーに占める石油のシェアが半分40％を割り、地球温暖化対策の推進・化石燃料の有限性の認識を背景に、高度化法制定により、エネルギー政策における対立軸は、石油対石油代替エネルギーから、化石エネルギー対非化石エネルギーに転換されたと評価されました。石油業界にとっては脱石油政策からの脱却を意味する法律でもありました。

石油事業者の取り組み

エネルギー高度化法の石油供給事業者の取り組みについて、基本方針は、非化石エネルギーの利用としては、**バイオエタノール燃料**の利用促進、また、化石エネルギーの有効活用としては、原油の有効活用を定めます。前者は、ガソリンに年間70万トン（年間消費量の1％相当）以上のバイオエタノール燃料の混合が、後者は、原油の有効活用のための一定の高度化設備の装備率（一次・二次告示）、あるいは一定の高度化設備の通油量（三次告示）が義務づけられました。

後者については、装備率規制によって、結果的に、過剰精製設備の廃棄が行われ、２００９年度から16年度末の間に、精製能力は約30％縮減されました。

高度化法と精製能力の削減

●エネルギー供給構造高度化法の概要

法律の目的	石油精製会社の取り組み
①非化石エネルギーの利用促進	バイオ燃料の利用：2017年度50万KL
②化石エネルギー原料の有効利用	重質油分解装置の装備率向上 （原油の重質化・需要の軽質化に対応）

●装備率目標➡装備率向上のためには常圧蒸留能力削減が必要

目標の告示時期	装備率の計算式と全国平均の目標値	達成期限
第1次：2010年7月	重質分解能力÷常圧蒸留能力＞15％	2014年3月末
第2次：2014年7月	残油分解能力÷常圧蒸留能力＞４５％	2017年3月末

●精製能力削減の現状

	2009年３月末	➡	2014年３月末	➡	2017年３月末
蒸留能力	489万BD	2割減	395万BD	1割減	352万BD
製油所数	29か所		26か所		22か所

4

エネルギー政策基本法

エネルギー政策基本法は、エネルギー別の事業法やエネルギー政策遂行のための個別法の上位法として、エネルギー政策の方向性を示すために、議員立法されました。

エネルギー政策の方向性

エネルギー基本法は、2002年6月14日公布（平成14年法律第71号）されたもので、エネルギー政策の基本理念として、「安定供給の確保」、「環境への適合」、およびこれらを十分考慮した上での「市場原理の活用」の三点が示されています。そして、安定供給の確保については、エネルギー供給源の多様化、自給率の向上、エネルギー安全保障の確保が言及されるとともに、他エネルギーへの代替・貯蔵が著しく困難なエネルギーについては特にその信頼性・安定性の確保が必要であるとされています。また、同法には、国・地方自治体・事業者の責務や国民の努力、国際協力の推進、知識の普及等についても規定されています。

ただ、同法は、エネルギー政策の3Eを基本としていますが、安全の確保（S＋）は当然の前提とされていること、東日本大震災以降、問題となっている国内供給体制の維持に対する配慮は十分ではないことから、見直しが必要とする声も上がっています。

エネルギー基本計画

さらに、同法は、政府に、エネルギー政策を長期的・総合的・計画的に推進するために、エネルギー需給等に関する基本的な計画**エネルギー基本計画**の策定と3年ごとの見直しを求めています。現行の「第五次エネルギー計画」（2018年7月3日、閣議決定）は、2030年のエネルギー見通し（2014年5月、経済産業省）の実現ための政策対応と2050年温室効果ガス

80%削減を前提とする政策シナリオの考え方を提示しています。同計画の策定にあたっては、原子力発電所の稼働再開と再生可能エネルギーの導入促進の検討が焦点となりました。

基本計画における石油

石油について、同計画は、2030年に向けては、「国内需要は減少傾向にあるものの、一次エネルギーの4割を占め、幅広い燃料用途と素材用途で重要な役割で地政学リスクは最も大きいものの、可搬性が高く、全国供給網も整い、備蓄も豊富であり、今後とも活用して行く重要なエネルギー源」と位置付けられ、石油政策の方向性として、「石油は、災害時にはエネルギー供給の最後の砦であり、供給網の一層の強靭化に加え、石油産業の経営基盤の強化が必要である」とされました。ただ、2050年の政策シナリオにおいては、エネルギー転換・脱炭素化に向けて、「過渡期の主力エネルギー」とされつつも、総合エネルギー産業化、既存エネルギーインフラの転換等の指摘に止まり、具体的な方向性は示されていません。

「第5次エネルギー基本計画」における石油

●石油の位置付け

国内需要は減少傾向にあるものの、一次エネルギーの4割程度を占め、幅広い燃料用途と素材用途で重要な役割。調達に係わる地政学的リスクは最も大きいものの、可搬性が高く、全国供給網も整い、備蓄も豊富、今後とも活用していく**重要なエネルギー源**。

●石油政策の方向性

災害時にはエネルギー供給の「**最後の砦**」、供給網の一層の強靭化を推進することに加え、石油産業の経営基盤の強化が必要。

（2018年7月3日　閣議決定）

5

ガソリン税

ガソリン税は、53・8円／L相当と石油製品に対する重税の象徴となっています。ガソリン税の正式名称は、「揮発油税」と「地方揮発油税」で、両税を合わせた通称です。

ガソリン税の沿革

揮発油税は、戦後の財政不足に対応するため、一般財源として1949年に創設、1954年度からは道路整備臨時措置法に基づき、道路を緊急かつ計画的に整備するために道路特定財源とされました。**特定財源**とは、税収を特定の公的サービスの財源に充てることとされている消費課税（税目）をいいます。道路使用という特定の公的サービスから受益する消費者がそのコストを負担するという意味（受益者負担）で一定の合理性はあるものの、財政支出の硬直化を招くとの批判がありました。また、「税とは、政府が公的サービスの財源を調達するために、個別的反対給付なくして、国民から徴収する財貨・サービスをいう」と定義され、対価性がないのが原則です。そのため、2009年度から、ガソリン税は使途を特定しない**一般財源**に変更されました。また、**地方揮発油税**は、1955年度に地方の道路整備に資するために**地方道路税**として創設され、税収全額が地方の道路整備財源に譲与される国税でしたが、2009年度からは地方の一般財源に譲与される「地方揮発油税」に変更されました。

さらに、1974年度には、第一次石油危機後の財源不足と石油需要抑制のため、租税特別措置法に基づき、揮発油税法に定める本則税率を上回る**暫定税率**が課税されるようになりました。

ガソリン税の特長

ガソリン税の税収は、2兆5494億円（2018年度予算)に上り、国と地方の総税収の2・4%を占め、個別間接税として、ガソリンは最大の担税物資となっています。従来、ガソリンは、燃料としての代替性が限定されており、自動車利用というガソリンのもたらす便益の大きさから、消費に対する価格弾力性は極めて低く、重税をかけても税収が減らないという、担税力が大きい物資でした。また、ガソリン税は、石油会社等の納税義務者から出荷時点で課税され、徴税は効率的でコストも低いことも担税物資として適しています。しかし、今後、電気自動車等が普及すると、こうしたガソリン課税の前提が失われ、税収の大きな減少を招きます。GPSを利用した走行距離課税など、将来の課税のあり方を考える必要があります。

ガソリン税には、「タックス・オン・タックス」の批判もあります。消費税10%が、ガソリン本体部分だけでなく、ガソリン税部分にも課税されます。税制の原則からは、ガソリン税は出荷時点で課税されるため、消費者が給油所店頭での購入段階では、本体価格に含まれており、全体に消費税が課税されるのは当然で、欧米でも同様だと、国税庁は説明しています。

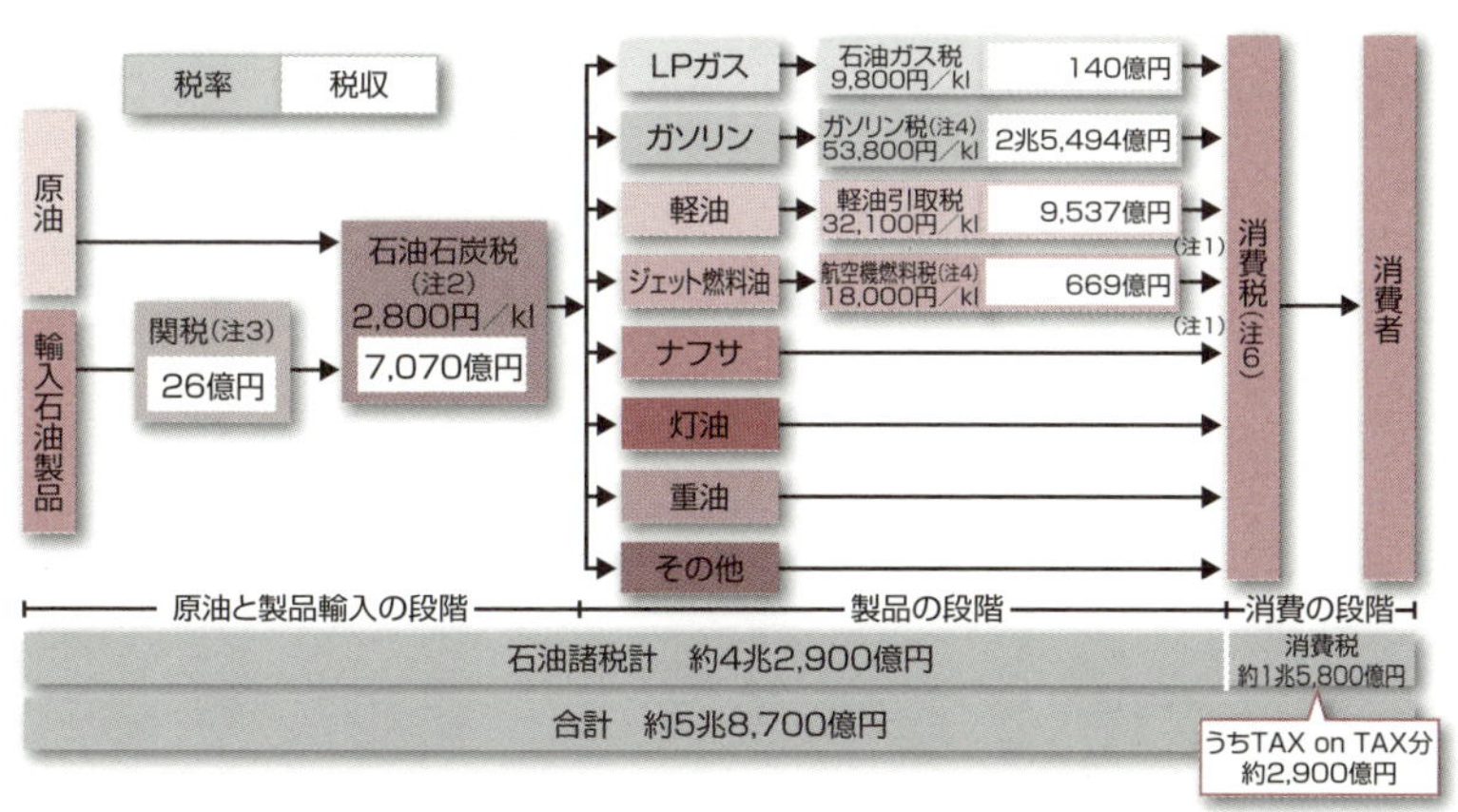

(注) 1. 軽油引取税と航空機燃料税にはTAX on TAX(平課)はない。消費税収は石油連盟試算値
2. 石油石炭税は原油、輸入石油製品のほか、石炭、ガス状炭化水素(国産天然ガス、輸入LNG、輸入LPG等)が課税対象(掲載は原油および輸入石油製品の税率)。税収には、石炭およびガス状炭化水素への課税分と、地球温暖化対策のための課税の特例による引き上げ分が含まれる
3. 2006年4月より原油関税(170円／kl)は撤廃され、石油製品関税のみとなった。関税収入額は、2017年度輸入実績に基づく石油連盟試算値
4. ガソリン税には、沖縄県に対する税率の軽減措置がある。航空機燃料税には、沖縄路線および特定離島路線に対する軽減措置がある。
5. 2019年10月より10%(同9月末まで8%)
6. 四捨五入の関係により合計が一致しない場合がある

出所：石油連盟「今日の石油産業」

6 軽油引取税

トラックやバス等の燃料に課税している軽油引取税は、地方税（都道府県税）で、ガソリン税とは取り扱いが大きく異なります。

軽油引取税の沿革

１９５６年、地方税法に基づき、地方道路整備の緊急性およびガソリン車とディーゼル車の負担の均衡等に考慮し、都道府県と指定市の道路に関する費用に充てるため、都道府県の目的税として創設されましたが、ガソリン税と同様の批判を受け、２００９年度に地方揮発油税とともに地方の一般財源とされています。また、１９７６年度からは、地方税法附則に基づき、本則税率を上回る特例税率が適用されています。

軽油引取税の特長

軽油引取税の税率は32・1円／L相当（特例税率）と、トラックやバス等の運輸事業者の負担に配慮して、ガソリン税の53・8円／L相当に比して軽いです。同レベルの車両で、ディーゼル車は、ガソリン車に比し約2割程度燃費がよいといわれます。

通常、軽油引取税は、石油会社等の**軽油元売業者**あるいは都道府県知事が指定した特約店等の**軽油特約業者**から、軽油を引き取った段階で、課税されます。例えば、軽油元売業者あるいは軽油特約業者から消費者が購入する場合には、業者が納税義務者である消費者から徴収し、都道府県に納付します（特別徴収）。したがって、軽油引取税は、給油所での販売時点では、軽油の本体価格に含まれておらず、消費税と同時ではあるが別個に課税されることになるので、ガソリン税のようタックス・オン・タックスは発生しません。また、元売業者や特約業者でない販売店（第三者）の給油所であっても、消費者への軽油販売は、元売業者や特約業者の委託販売の形式を取ることで、タック・オン・タックスを回避し、公平性を確保しています。

脱税の防止

ガソリン同様、軽油についても、税額が高いことから、脱税のインセンティブは大きく、脱税防止対策を講じるとともに、路上検査などを通じ脱税軽油の撲滅に取り組んでいます。

例えば、重油や灯油のブレンドによる**不正軽油**を防止するために、重油や灯油のような周辺油種には混入を判別するための識別剤の添加を行政指導しています。こうした努力に加え、2007年のサルファーフリー化や2011年の脱税への罰則強化もあって、最近では、脱税軽油の摘発は減少しているようです。

なお、軽油引取税の免税は、事業者と用途が特定されているものの、道路財源であった経緯を反映し、自動車用以外については、石油化学原、潤滑油原料、インク溶剤、船舶用、鉄道用、農林用など、幅広く認められており、知事から免税票が発行されます。

租税収入に占める石油諸税の割合

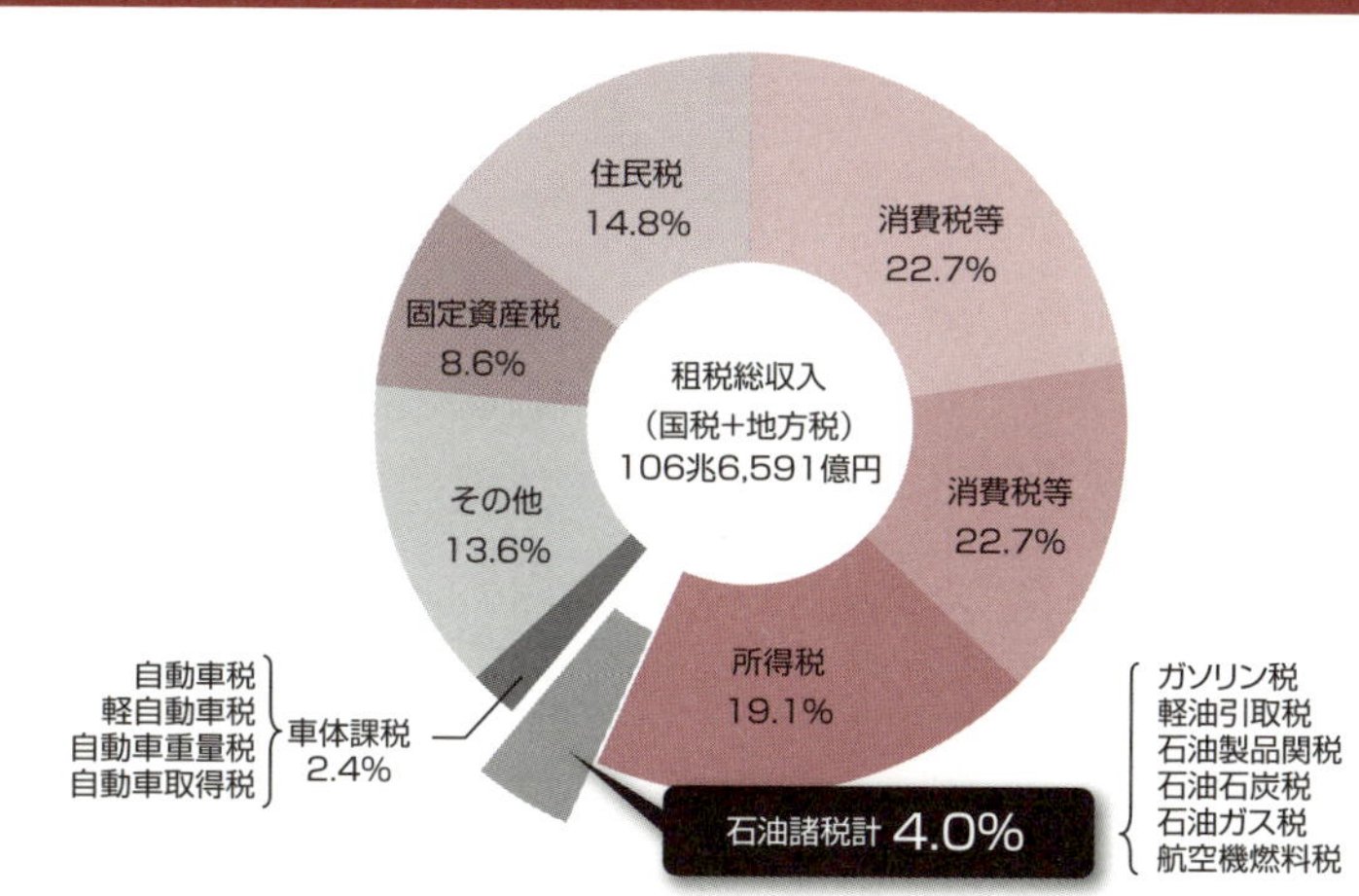

(注) 1. 石油製品関税収入は2017年度輸入実績に基づく石油連盟試算値
2. 四捨五入の関係により合計が一致しない場合がある
3. 所得税には復興特別所得税を含む。法人税には地方法人税と地方法人特別税を含む

出所:2019年度政府予算より作成

石油石炭税

石油石炭税はユニークな税金です。現在も、特別会計法に基づいて、エネルギー特別会計の財源とされ、エネルギー安全保障や地球温暖化対策のために使われています。租税特別措置法の当分の間の上乗せ税率部分は、わが国初の炭素税(環境税)です。

石油石炭税の沿革

第一次石油危機への反省から、1978年、石油備蓄等の石油対策に係わる財政需要に配慮して、石油消費に負担を求めるため**石油税**として創設、当初、使途は備蓄等の石油対策だけでした。その後、1984年、課税対象にLPGとLNGを追加、税収使途を代エネ・省エネ対策にも広げ、さらに、2003年には、課税対象に石炭を追加し、名称を**石油石炭税**に変更するとともに、地球温暖化対策やエネルギー安全保障の拡充の観点から、税率や使途を見直しました。その際、エネルギー特別会計についても、経済産業省と環境省で共管化しました。当初、石油税は従価税(3・5%)で登場しましたが、原油価格下落を背景に、1988年、従量税(2040円/KL)に変更されています。

石油石炭税の特長

石油石炭税は、原油や石油製品の輸入時に課税されることから、産油国等から「第二の関税」であるなどの批判もありました。しかし、厳密には、保税地域からの引き取り時だけでなく、国産原油や国産天然ガスの採取上からの移出時にも課税されることから、あくまでも内国消費税です。

また、欧州各国では、備蓄コストをカバーするための財源は、税ではなく、「課徴金」の形式で確保している例が多いです。

地球温暖化対策税

民主党政権下の2012年10月から、地球温暖化対策の強化のため、石油石炭税に、炭素排出量に基づく特例上乗せ税率が、「地球温暖化対策のための課税の特例」(地球温暖化対策税・温対税)として、租税特別措置法で措置されました。わが国最初の**炭素税**で、排出CO_2トン当たり289円相当の課税で、石油の場合KL当たり760円が2016年4月まで段階的に増税されました。

この地球温暖化対策税は、CO_2の排出削減と温暖化対策財源の確保を目的としているものの、灯油や重油は競合エネルギーがあることから、ある程度の排出削減効果は期待できるかもしれませんが、現時点では、ガソリンや軽油は競合エネルギーが極めて限定的であることから排出削減効果はほとんど期待できません。したがって、排出量取引を含めて、**カーボンプライス**(**炭素価格**)の有効性は、石油製品の場合、極めて疑問であると言わざるを得ません。

小売価格の構造(2019年12月)

ガソリン 147.9円/L

消費税		13.4円/L
石油石炭税		2.8円/L
ガソリン税 53.8円/L	暫定上乗分	25.1円/L
	本則税率	28.7円/L
維持費、備蓄費、時価燃費、金利、輸送費、販売管理費、マージン等		31.9円/L
原油CIF		46.0円/L

軽油 128.4円/L

軽油引取税 32.1円/L	暫定上乗分	17.1円/L
	本則税率	15.0円/L
+		
消費税		8.8円/L
石油石炭税		2.8円/L
維持費、備蓄費、時価燃費、金利、輸送費、販売管理費、マージン等		38.7円/L
原油CIF		46.0円/L

灯油 92.1円/L

消費税	8.4円/L
石油石炭税	2.8円/L
維持費、備蓄費、時価燃費、金利、輸送費、販売管理費、マージン等	34.9円/L
原油CIF	46.0円/L

(原油CIFは速報値)

出所:資源エネルギー庁資料を基に作成

産油国の資源レントと消費国の燃料課税

サウジアラビアの原油生産コストは2.8ドル/B（社債募集目論見書）に過ぎません。そそらく、湾岸産油国の生産コストも10ドル/B以内でしょう。それが、出荷段階では数十ドル/Bで売れ、その間の差額は、ほとんどが、ロイヤリティ、所得税、配当等の形で、産油国政府に帰属します。

若い頃は、この莫大なレント、不労所得の発生に、経済的正義に照らして、何か割り切れないものを感じたものでした。しかし、消費国における莫大な燃料課税を見たとき、産油国政府も、消費国政府も、石油が消費者や需要家にもたらす大きな石油の便益に着目して、石油の有する付加価値を分け合っていることに気が付きました。石油が液体で輸送や貯蔵、取り扱いが容易、スケールメリットを発揮できることで供給コストが安いことに対して、高熱量で、非代替的な用途も多く、その消費における便益が大きいことで、巨額の資源のレントと燃料税収が成立するのです。ちなみに、わが国のガソリンにかかっているガソリン税（揮発油税・地方揮発油税）、石油石炭税、消費税の税金総額は約70円/L、バレルに換算すると約100ドル/Bに達しています。

従来、ガソリンは、輸送用燃料として非代替的であり、価格弾力性は極めて低く（価格が上がっても消費が減らないこと）、税率を引き上げても、税収が減らないという担税力のある物資でした。税制が経済活動を歪めてはならないとする税制の中立性の原則からも、個別間接税をかける場合は価格弾力性に反比例した税率を採用すべきだとする考え方（ラムゼイルール）もありました。すなわち、ガソリンは、高額課税しても、消費が減らないから、税金が高いのです。

しかし、最近では、電気自動車の導入拡大で、ガソリン自動車の非代替性は、徐々になくなりつつあります。石油連盟や全石連は、負担の公平性の観点から問題にしていますが、今後、国の社会保障負担やインフラ更新投資などが増大しつつある中、燃料消費が減少して行くガソリンを中心とする燃料課税のあり方は、抜本的な見直しが必要な時期になりつつあると思われます。

また、従来、ガソリンは、税をかけても消費が減らないのですから、炭素価格（カーボンプライス）は無意味でしたが、今後、炭素価格が意味を持ってくるかもしれません。

資料編

How-nual
図解入門
業界研究

わが国の主な石油会社と石油関連団体

【石油精製会社】

鹿島石油株式会社
〒100-8162　東京都千代田区大手町 1-1-2
TEL：03-6257-7157
設立：1967 年 10 月 30 日
資本金：200 億円
従業員数：未公表
URL：http://www.kashima-oil.co.jp/

コスモ石油株式会社
〒105-8528　東京都港区芝浦 1-1-1
TEL：03-3798-3211
設立：1986 年 4 月 1 日
資本金：1 億円
従業員数：1,430 名
URL：https://www.cosmo-oil.co.jp/
*持ち株会社としてのコスモエネルギーホールディングス㈱あり

昭和四日市石油株式会社
〒510-0816　三重県四日市市塩浜町 1
TEL：059-347-5511
設立：1957 年 11 月 1 日
資本金：40 億円
従業員数：551 名（2019 年 4 月 1 日）
URL：https://www.showa-yokkaichi.co.jp/

西部石油株式会社
〒101-0053　東京都千代田区神田美土代町 7
TEL：03-3295-2600
設立：1962 年 6 月 25 日
資本金：80 億円
従業員数：344 名（2019 年 3 月 31 日）
URL：https://www.seibuoil.co.jp/

東亜石油株式会社
〒210-0866　神奈川県川崎市川崎区水江町 3-1
TEL：041-280-0600
設立：1924 年 2 月 6 日
資本金：84 億円
従業員数：429 名（単体）、502 名（連結：2018 年 12 月末）
URL：https://www.toaoil.co.jp/

【石油元売会社】

出光興産株式会社（出光昭和シェル）
〒100-8321　東京都千代田区丸の内 3-1-1
TEL：03-3213-3115
設立：1911 年 6 月 20 日
資本金：1683 億円
従業員数：9,476 名（2018 年度末）
URL：https://www.idss.co.jp/index.html

キグナス石油株式会社
〒100-0004　東京都千代田区大手町 2-3-2
TEL：03-5204-1600
設立：1972 年 2 月 1 日
資本金：20 億円
従業員数：77 名（2019 年 3 月末現）
URL：http://kygnus.jp/index.html

コスモ石油マーケティング株式会社
〒105-8314　東京都港区芝浦 1-1-1
TEL：03-3798-7544
設立：2015 年 2 月 6 日
資本金：10 億円
従業員数：307 名
URL：https://com.cosmo-oil.co.jp/
*持ち株会社としてのコスモエネルギーホールディングス株式会社あり

JXTG エネルギー株式会社
〒100-8152　東京都千代田区大手町 1-1-2
TEL：0120-56-8704
設立：1888 年 5 月 10 日
資本金：300 億円
従業員数：9,030 名（2019 年 4 月 1 日）
URL：https://www.noe.jxtg-group.co.jp/
*持ち株会社としての JXTG ホールディングス㈱あり
* 2020 年 6 月 ENEOS 株式会社に社名変更予定

太陽石油株式会社
〒100-0011　東京都千代田区内幸町 2-2-3
TEL：03-3502-1601
設立：1941 年 2 月 27 日
資本金：4 億円
従業員数：700 名（2019 年 4 月 1 日）
URL：http://www.taiyooil.net/

商事ビル
TEL：03-3210-4096
設立：2001年1月
資本金：1億円
従業員数：81名（2019年3月）
URL：http://www.mitsubishi-exploration.com/

【燃料商社等】

伊藤忠エネクス株式会社
〒105-8430　東京都千代田区霞が関3-2-5　霞が関ビルディング
TEL：03-4233-8000
設立：1961年1月28日
資本金：198億7,767万円
従業員数：5,619名（2019年3月）
URL：https://www.itcenex.com/ja/

株式会社宇佐美鉱油
〒450-0002　愛知県津島市埋田町1-8
TEL：052-586-1166
設立：1950年
資本金：1,000万円
従業員数：3,000名（連結、2019年3月末）
URL：https://usami-net.com/content/company

カメイ株式会社
〒980-8583　仙台市青葉区国分町3-1-18
TEL：022-264-8111
設立：1932年12月29日
資本金：81億3,200万円
従業員数：1,946名（単体）、5,008名（連結、2019年3月末）
URL：https://www.kamei.co.jp/index.html

株式会社新出光
〒812-0036　福岡市博多区上呉服町1番10号
TEL：092-291-4134
設立：1926年3月13日
資本金：1億円
従業員数：375名（単体）、1,643名（連結、2019年3月31日）
URL：https://www.idex.co.jp/

三愛石油株式会社
東京都千代田区大手町2-3-2　大手町プレイス イーストタワー10階

富士石油株式会社
〒140-0002　東京都品川区東品川2-5-8
TEL：03-5462-7761
設立：2003年1月31日
資本金：245億円
従業員数：482名（単体）、681名（連結：2019年9月末）
URL：http://www.foc.co.jp/ja/index.html

【石油開発会社】

国際石油開発帝石株式会社
〒107-6332　東京都港区赤坂5-3-1　赤坂Bizタワー
TEL：03-5572-0200
設立：2006年4月3日
資本金：2,908億983万5,000円
従業員数：3,118名（連結、2019年3月末現在）
URL：https://www.inpex.co.jp/

ジャパン石油開発株式会社
〒107-6332　東京都港区赤坂5-3-1　赤坂Bizタワー
TEL：03-5572-0200
設立：1973年2月22日
資本金：320億6,700万円
従業員数：未公表
URL：https://www.jodco.co.jp/

石油資源開発株式会社
〒100-0005　東京都千代田区丸の内1-7-12　サピアタワー
TEL:03-6268-7000
設立：1970年4月1日
資本金：142億8,869万4,000円
従業員数：904名（単体）、1,741名（連結）
URL：https://www.japex.co.jp/

三井石油開発株式会社
〒105-0003　東京都港区西新橋1-2-9　日比谷セントラルビル
TEL：03-3502-5786
設立：1969年7月19日
資本金：331億3,340万円
従業員数：169名（2019年3月31日）
URL：https://www.moeco.com/

三菱商事石油開発株式会社
〒100-0005　東京都千代田区丸ノ内2-3-1　三菱

【関係機関】

独立行政法人石油天然ガス・金属鉱物資源機構
〒105-0001　東京都港区虎ノ門2-10-1
TEL：03-6758-8000
URL：http://www.jogmec.go.jp/

一般財団法人石油エネルギー技術センター
〒105-0001　東京都港区芝公園2-1-1
TEL：03-03-5402-8500
URL：http://www.pecj.or.jp/japanese/index_j.html

一般社団法人全国石油協会
〒100-0014　東京都千代田区永田町2-17-8
TEL：03-5251-2201
URL：http://www.sekiyu.or.jp/

一般財団法人日本エネルギー経済研究所石油情報センター
〒104-8581　東京都中央区勝どき1-13-1
TEL:03-3534-7411
URL：https://oil-info.ieej.or.jp/

公益石油社団法人石油学会
〒101-0041　東京都千代田区神田須田町1-8-4
TEL：03-6206-4301
URL：https://www.sekiyu-gakkai.or.jp/

【事業者団体】

石油鉱業連盟
〒100-0004　東京都千代田区大手町1-3-2
TEL：03-3214-1701
URL：http://sekkoren.jp/

石油連盟
〒100-0004　東京都千代田区大手町1-3-2
TEL：03-5218-2305
URL：https://www.paj.gr.jp/about/

全国石油商業組合連合会（全石連）
〒100-0014　東京都千代田区永田町2-17-14
TEL：03-3593-5811
URL：http://www.zensekiren.or.jp/

TEL：03-6880-3100
設立　1952年6月9日
資本金：101億2715万円
従業員数：464名（2019年3月1日）
URL：http://www.san-ai-oil.co.jp/

全農エネルギー株式会社
東京都千代田区神田猿楽町1-5-18
TEL：03-3293-1241
設立：1926年3月13日
資本金：1億円
従業員数：375名（単体）、1,643名（グループ、2019年3月31日）
URL：https://zennoh-energy.co.jp/

大東通商
〒162-0066　東京都新宿区市谷台町6-3　市谷大東ビル
TEL：03-5919-6100
設立：1947年8月28日
資本金：20億円
従業員数：675名（2019年3月末）
URL：http://www.daitohnet.co.jp/

三菱商事エネルギー株式会社
東京都千代田区大手町1-1-3　大手センタービル12階
TEL：03-4362-4200
設立：2015年10月1日
資本金：20億円
従業員数：約300名（2020年3月31日）
URL：http://www.mc-ene.com/

丸紅エネルギー株式会社
〒101-8322　東京都千代田区神田駿河台2-2　御茶ノ水杏雲ビル9・10階
TEL：03-3293-4401
設立：1976年6月22日
資本金：23億5,000万円
従業員数：184名（2019年4月1日）
URL：http://www.marubeni-energy.co.jp/

【所管官庁】

経済産業省資源エネルギー庁
〒100-8931　東京都千代田区霞が関1-3-1
TEL：03-3501-1511
URL：https://www.enecho.meti.go.jp/

索引

INDEX

あ行

か行

資料編 索引

さ行

な行

た行

や行

ら行・わ行

アルファベット

は行

ま行

●著者紹介

橋爪　吉博（はしづめ　よしひろ）

一般財団法人
日本エネルギー経済研究所
石油情報センター　事務局長

【略歴】
1958年　三重県津市生まれ、
1982年　中央大学法学部法律学科卒　石油連盟事務局入局
1988年～1991年
外務省出向（在サウジアラビア大使館二等書記官・石油担当）
現地にて、湾岸危機・湾岸戦争を経験
1991年　石油連盟復帰
総務部、流通課長、企画課長、広報室長、技術環境安全部長等を歴任
広報室長時、東日本大震災を経験、マスコミ・消費者対応に当たる
2016年　石油情報センター出向、2019年4月より現職

【所属学会】
石油学会
エネルギー環境教育学会

【その他】
東京工業大学非常勤講師
NPO法人国際環境経済研究所編集委員

図解入門業界研究
最新石油業界の
動向とカラクリがよ～くわかる本［第2版］

発行日　2020年 5月 5日　第1版第1刷

著　者　橋爪　吉博

発行者　斉藤　和邦
発行所　株式会社　秀和システム
〒135-0016
東京都江東区東陽2-4-2　新宮ビル2F
Tel 03-6264-3105（販売）Fax 03-6264-3094
印刷所　三松堂印刷株式会社　Printed in Japan

ISBN978-4-7980-5817-7 C0033